学研の図鑑

美しい貝殻

オールカラー

［監修］奥谷喬司

Gakken

CONTENTS

貝と貝殻の基本

貝とは何か? 004
貝の生息環境 005
貝殻の形成 006
貝殻の色と模様 007
貝殻の部位名称 008
貝殻キーワード 010
本書の見方 012

PART1
色が美しい貝殻

ゴシキカノコ 014
ルリガイ 015
イチゴナツモモ 016
ミドリパプア 017
コダママイマイ 018
ヒオウギ 020
ベニガイ 021
ムラサキガイ 022
ニシキツノガイ 023

PART2
形が美しい貝殻

オオイトカケ 028
チマキボラ 029
リンボウガイ 030
ハシナガソデガイ 031
テンニョノカムリ 032
イジンノユメ 033
リュウキュウアオイ 034
テンシノツバサ 035

PART3
形が奇妙な貝殻

クマサカガイ 040
ホネガイ 042
マボロシハマグリ 043
ショウジョウガイ 044
クモガイ 045
ガンセキバショウ 046
キノコダマ 047
ミミズガイ 048
ハマユウ 049
カメガイ 050
トグロコウイカ 051

特集

貝から生まれた美しい文化

貝と和食　080
蜃気楼を呼ぶ貝　082
貝殻と貨幣　084
貝と色の魔力　086
貝殻と再生の象徴　088
貝殻とアジアの信仰　090
真珠養殖の始まり　092

巻末資料

海岸で拾いたい! 日本産「海の貝殻」ガイド

海岸で拾いたい! 日本産「海の貝殻」ガイド　095

VISUAL GALLERY

模様が美しい貝殻　024
美しいタカラガイ　036
美しいイモガイ　066
美しい古生物の化石　120

COLUMN

色の名前がついた貝　026
形が美しくない貝　038
深海に暮らす貝　052
毒矢を放つ危険な貝　068
発光する貝　078
海を泳ぐ貝　094

PART4 稀少で高価な貝殻

- リュウグウオキナエビス　054
- シンセイダカラ　056
- ウミノサカエ　058
- オオシャコガイ　060
- アオイガイ　062
- ゾウクラゲ　064

PART5 飾りになる貝殻

- ピンクガイ　070
- マンボウガイ　071
- ヤコウガイ　072
- クジャクアワビ　073
- リュウテン　074
- サラサバテイ　075
- オウムガイ　076

基本 1

貝とは何か？

軟体動物の世界

「貝」とは、生物学では「軟《なん》体動物《たいどうぶつ》」に属するもので、その数は世界に10万種以上、日本近海では6000種以上に及ぶという。

「軟体動物」といえばイカやタコ、「貝」といえば、ハマグリやホタテガイなどの「二《に》枚貝《まいがい》」、そしてタニシやサザエ、カタツムリなどの「巻貝《まきがい》」がすぐ思い浮かぶだろう。つまり、体がやわらかく、貝殻をもつ生き物たちが「軟体動物」の主流なのだ。

しかし、海岸を見渡せばすぐ気づくように、まぎらわしいものも多い。フジツボ、カニ（節足動物）、ウニ、ナマコ、ヒトデ（棘皮《きょくひ》動物）などは体のつくりが異なり、軟体動物ではない。また、ミドリシャミセンガイは名前に「貝」がついていて、実際、2枚の殻をもっているが、本体にはやや硬い「骨」のようなものがあり、軟体動物ではない。一方、巻貝の仲間の中には、ウミウシやナメクジなど殻をもたないものもいる。

貝の祖先は約5億5000万年前のカンブリア期に姿を現し、現在にいたるまで実に多様な姿に進化した。貝類を含む軟体動物は、一般的に8つのグループに分けることができる。

軟体動物の主なグループ

尾腔《びこう》類	ケハダウミヒモなど、ながむし状の体。日本近海では少ない。
溝腹《こうふく》類	カセミミズなど、ながむし状の体で、腹部に長い溝がある。
多板類	8枚の殻板でおおわれるヒザラガイの仲間。
単板類	深海に生息し、笠型の殻をもつ。ネオピリナなど。
腹足類	巻貝の仲間。軟体動物では、種数や生息環境がもっとも多様。
頭足類	イカ、タコ、オウムガイの仲間。貝殻をもつものともたないものがいる。
掘足類	ツノガイの仲間。角笛状の殻をもつ。
二枚貝類	2枚の殻におおわれた二枚貝の仲間。アサリ、ハマグリなど。

※本書では、腹足類を「巻貝」（主に海産）、「マイマイ」（陸産）と分けて表示し、掘足類を「ツノガイ」、二枚貝類を「二枚貝」、頭足類を「イカ・タコ」と表記する。

基本 2

貝の生息環境

世界中に生きる貝の暮らし

貝類は地球上のあらゆる場所に生息している。アルプスの高山から水深1万メートルを超す超深海底まで貝はすむ。もちろん低地と高地、浅海と深海では種類が異なる。

地理的にみるとインド・西太平洋や東太平洋、大西洋、地中海など海域ごとに異なる種類の貝類が分布する。特に熱帯のインド洋から西太平洋は貝類の多様性に富む。太平洋でも高緯度の北極や南極海域にはまた特有の貝類がすむが、それらは地球をぐるりと回ってインド洋（南極海）・大西洋（北極海・南極海）まで分布する。日本に注目すると日本列島は南北に長く、西南は暖流の黒潮《くろしお》、東北は寒流の親潮《おやしお》に洗われ、かつ複雑で長い海岸線を有しているため、世界的にも貝類の種類が豊富な場所である。

潮間帯《ちょうかんたい》の岩礁《がんしょう》は貝類にとっては岩穴や岩棚、転石、砂礫《されき》など複雑な隠れ場所やえさに富んでいる。また熱帯のサンゴ礁やマングローブ林などにはいっそう複雑な地形・環境があり貝類の多様性に富む。その点、砂地や泥底には二枚貝のように長い水管《すいかん》を持っていて砂や泥の中に深く潜入生活をする種類がすむが、岩礁などより多様性は低い。潮間帯下から大陸棚にかけても多くの貝類がすむが、深海に行くほど種数は少なくなる。

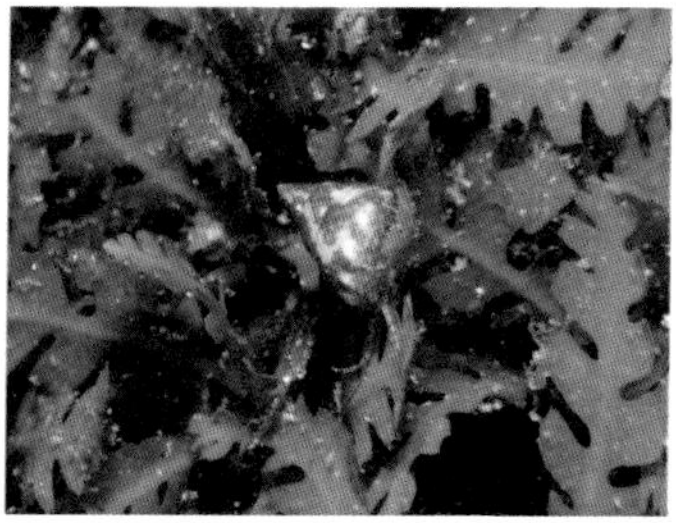

潮間帯の海藻にはりついて、海藻を食べるチグサガイ

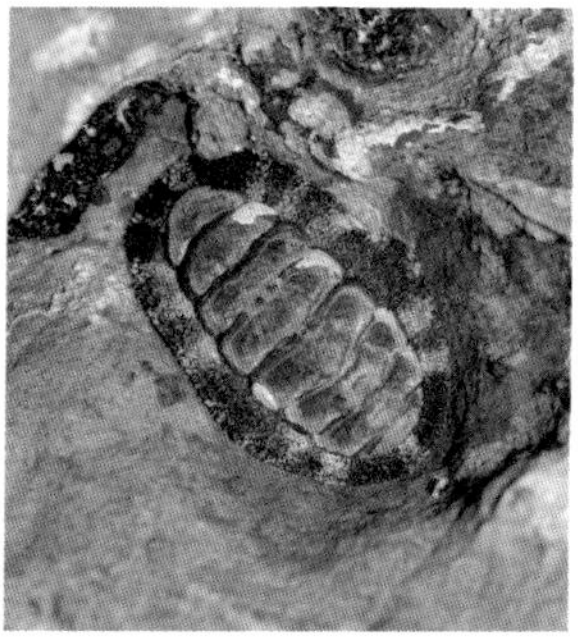

潮間帯の露出した岩場でも、乾燥に耐えることができるヒザラガイ

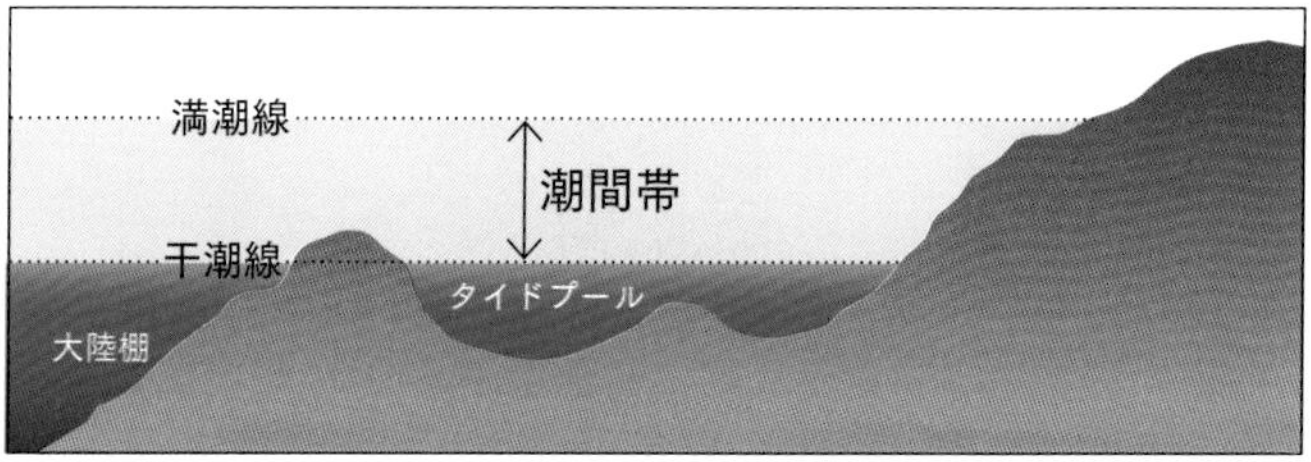

大潮の満潮時の波打ち際を満潮線（高潮線）、干潮時の波打ち際を干潮線（低潮線）という。その線の間を潮間帯という。

二枚貝は、殻頂から外側に向かって大きくなる。（写真はオニアサリ）

生きているときのホシダカラ（タカラガイ科）は、外套膜が殻からはみだしている。この外套膜と殻皮の間で化学反応が起こり、新しい殻が形成されていく。

基本 3

貝殻の形成

成長の年齢を表す目印

軟体動物にとって貝殻は、外敵から軟らかい身を守り、陸上では乾燥を防ぐなどの役割がある。貝殻は石灰質で、軟体動物が自らの力で作り出す。成分の炭酸カルシウムは、軟体の表面をおおう「外套《がいとう》膜《まく》」から分泌されると考えられている。貝殻の表面をおおう「殻皮《かくひ》」との間で化学反応が起きて、結晶化が進む。

本体の成長とともに大きくなる貝殻は、その痕跡も残している。こうした痕は「成長線」と呼ばれる。特に、二枚貝ではこの成長線がはっきりと現れるものが多く、貝の年齢を知るヒントになることがある。さらに貝殻の断面を顕微鏡で見ると、その成長線よりも細かいすじがあることがわかる。これは、潮が満ちているときは呼吸が多くなり、逆に潮が引いているときは呼吸が少なくなるためにできる「潮汐線《ちょうせきせん》」である。

一方、巻貝は殻頂《かくちょう》から管を巻くように螺旋《らせん》状に螺管《らかん》が太くなりながら成長する。巻き方は右巻きがほとんどで、左巻きの貝は少ない。これは巻貝の謎のひとつだ。また多くの巻貝は殻口をふさぐためのふたを持つが、これは殻とは別のものであり、角質のものが多いが石灰質の種類もある。

基本 4

貝殻の色や模様

環境によって変化することがある

基本的に、貝の色や模様は種内で一定であるため、分類に役立つことがあるが、ある程度の個体変異も起きやすい。特に、その模様は、貝がすむ場所によって大きく異なることもある。

たとえば、アサリは日本各地に広く生息する。しかし、アサリは個体によって、黒色や白色や褐色の、変化に富んだ模様がある。このことは貝類以外にも言えることだが、視覚がまったく発達しておらず、しかも砂の中にもぐって生活をするアサリのような貝にとって、変化に富んだ模様に、いったいどのような意味があるのかは謎である。

また、生息環境によって、貝殻の形に変化が見られるものもある。サザエは波の荒い海で成長するとトゲが長く伸びるが、波の静かな場所で育つと、トゲは伸びない。千葉県外房の太平洋沿岸でとれるサザエは、トゲが長くなるが、波の静かな東京湾沿岸の内房でとれるサザエはトゲが長くならない。

一般的には、東北地方よりも、北の寒海にすむ貝は色や模様が地味だが、四国や九州より南の暖海にすむ貝は、色も模様も鮮やかなものが多くなる。

同種でも模様や色彩の変異があるアサリ。基本的に殻の模様は左右対称だが、稀に非対称の個体も見つかる。

基本

5 貝殻の部位名称

知っておくと分類に役立つ!

　貝は、殻の形態だけでほとんどの種の同定ができる。したがって種の分類には、貝殻の部位の名称を知る必要がある。

　多くの貝は、海底で暮らすが、幼生期には、海中や卵嚢《らんのう》の中を自由に泳ぎ回っている。このころにできる幼貝時代の殻を「原殻《げんかく》」といい、巻貝では殻のてっぺんにその姿が残っている。

　そして殻の成長とともに種独特の巻き方や彫刻ができあがる。この場合の「彫刻」とは、「成長線」や「縦肋《じゅうろく》」からなるすじやうねなどの凹凸《おうとつ》を意味している。

　貝の種類を決めるためには、まず外形を見てから、こうした彫刻や形状、殻や縁《ふち》のふくらみ、模様などから総合的に判断する。

　また、成長の度合いのほか、海辺に打ち上がった死《し》に殻《がら》ならば、肝心な部分が欠けていることも多い。人の顔だちがひとりひとり違うように、同じ種でもまったく同じ形状や模様の貝は、ひとつとして存在しない。

　稀少な貝を見つけることが何の喜びにも勝るという人もいるが、分類のむずかしさにこそ、貝殻収集の醍醐味があるだろう。

巻貝(ツメタガイ)の形態

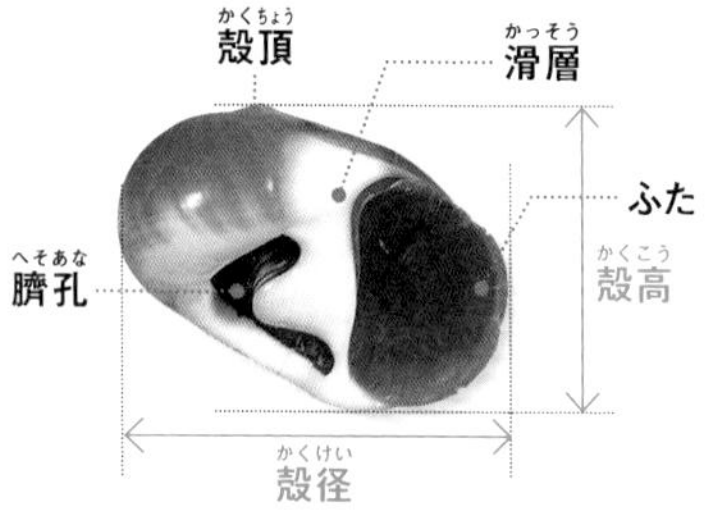

巻貝(タカラガイ類)の形態

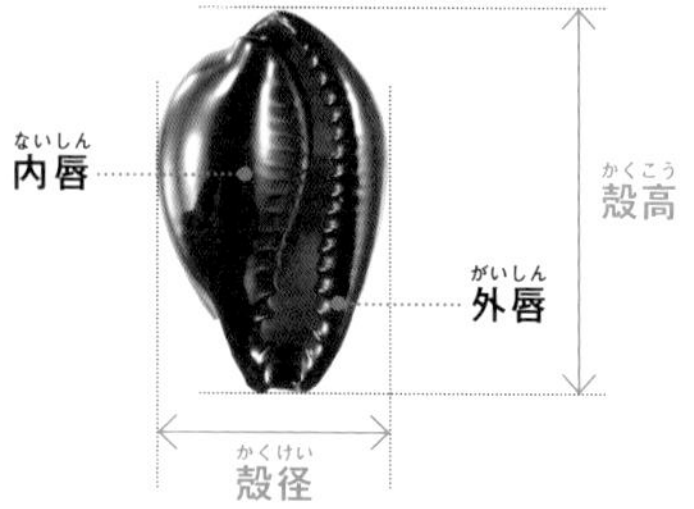

巻貝(ボウシュウボラ)の形態

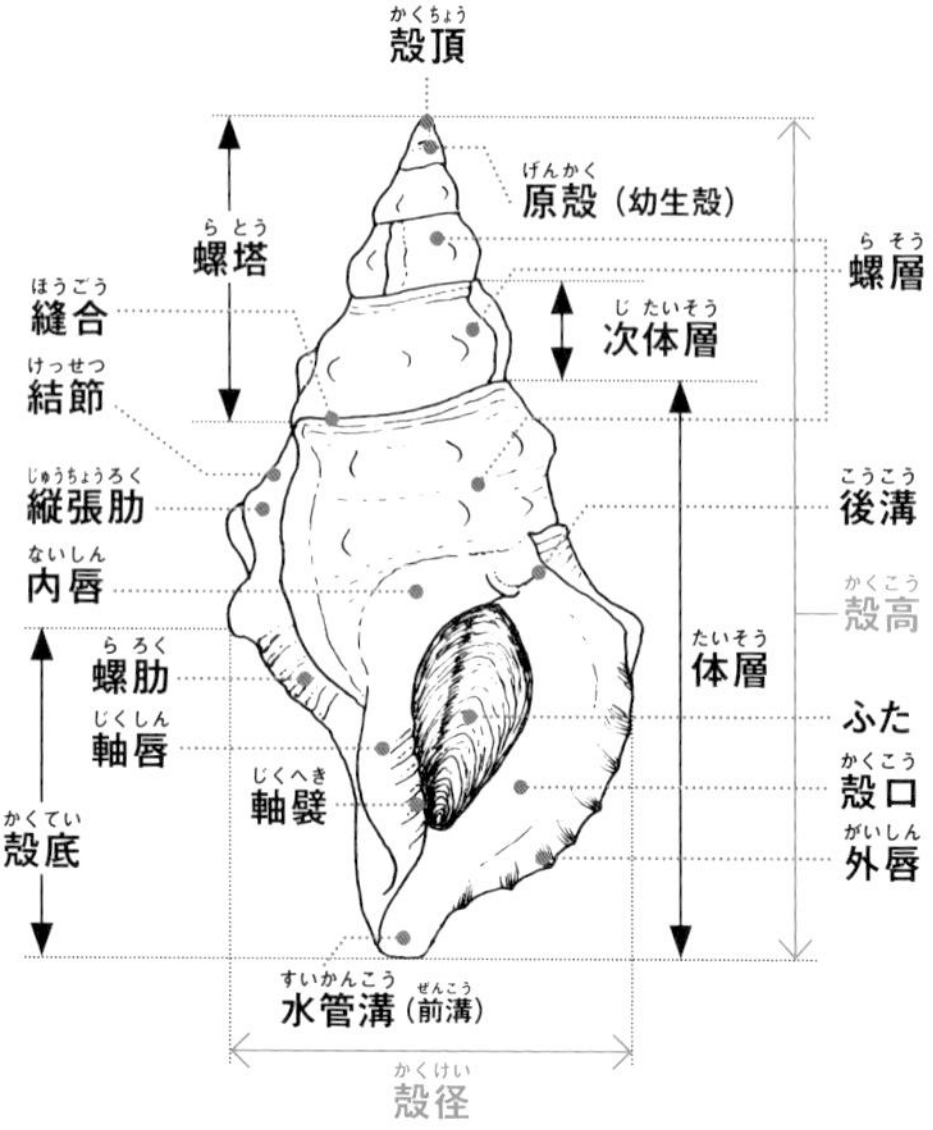

※図鑑によっては、巻貝類の殻高を「殻長」、殻径を「殻幅」としているものがある。

二枚目の形態

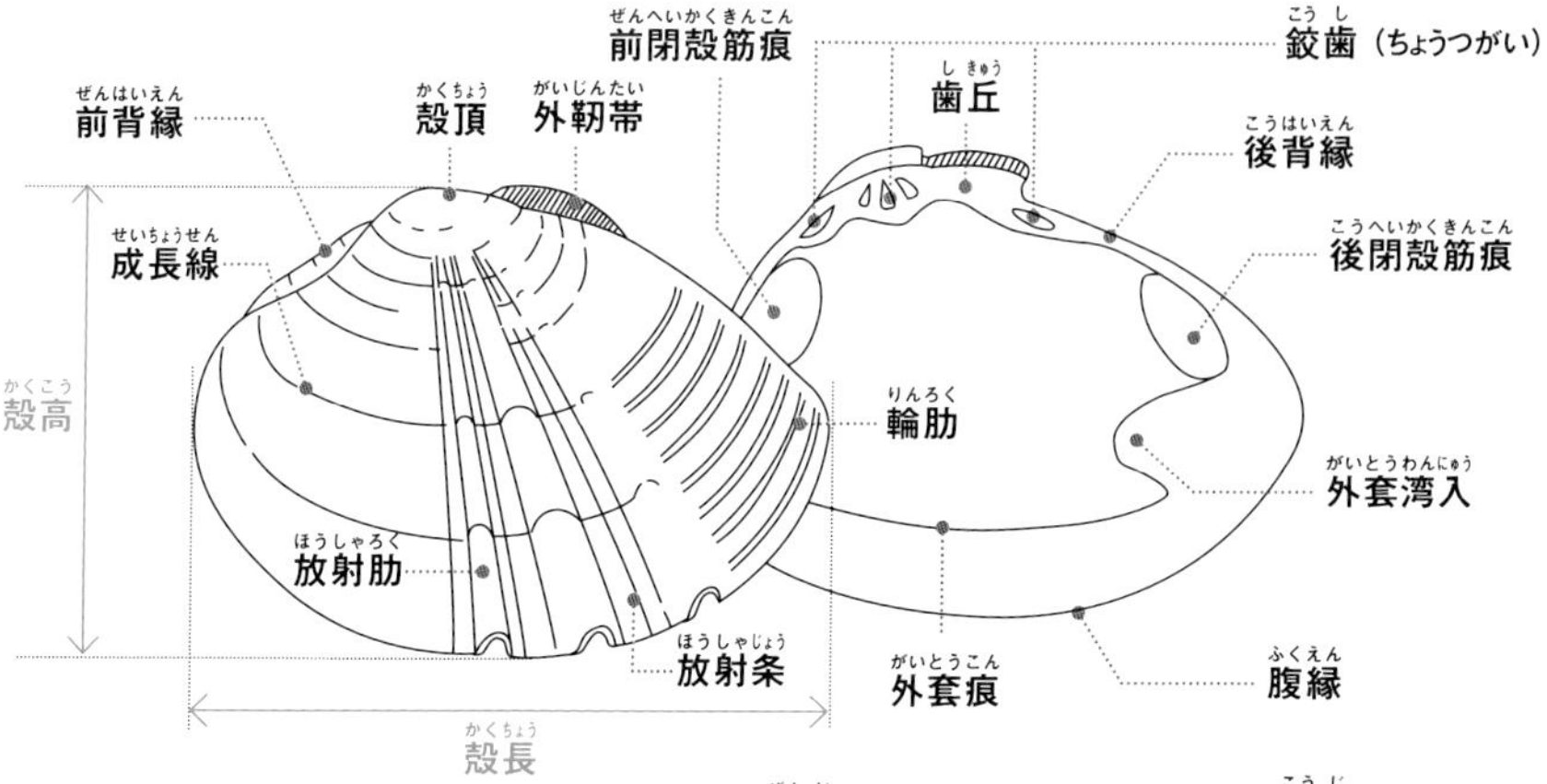

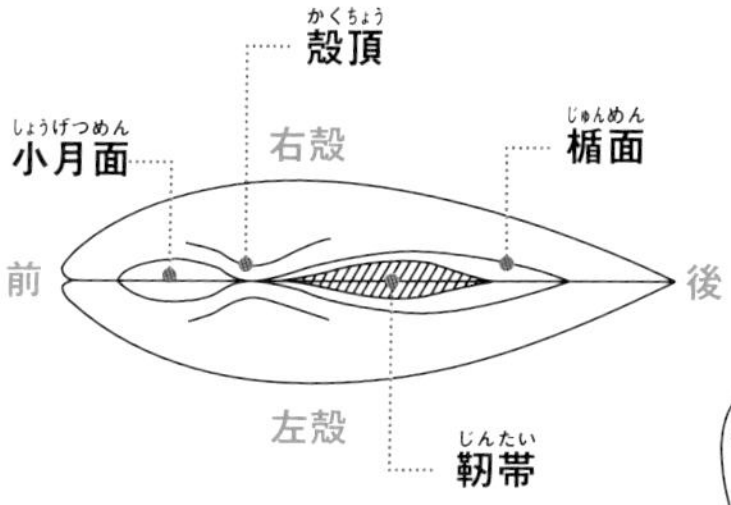

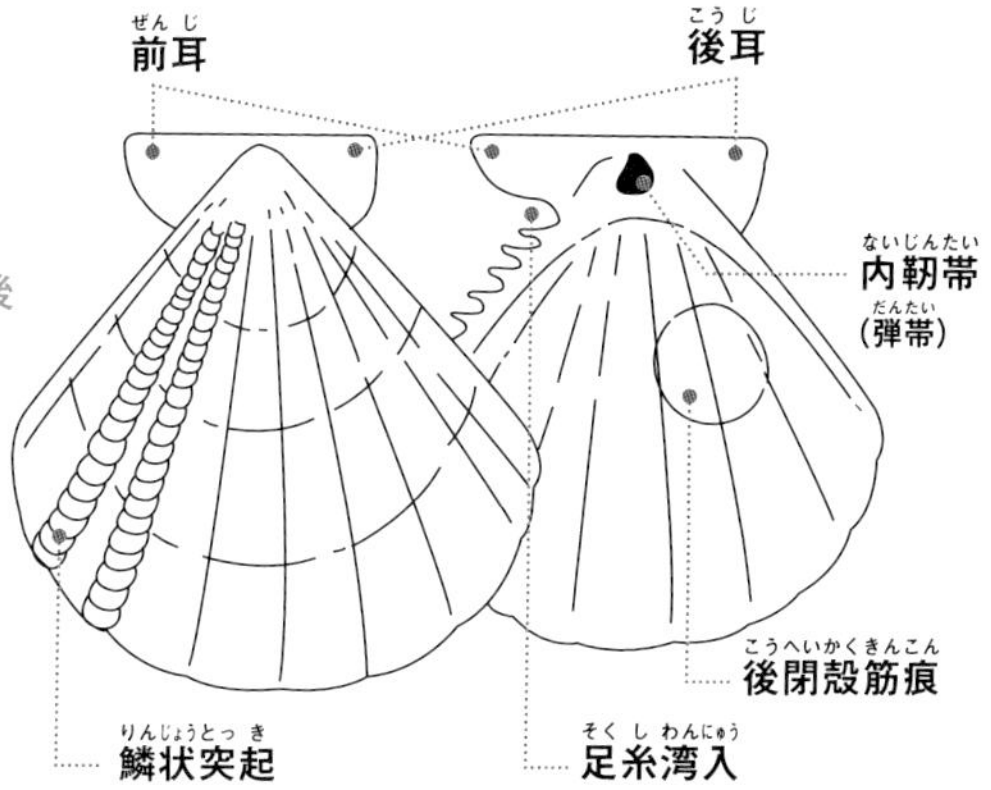

ヤカドツノガイの形態

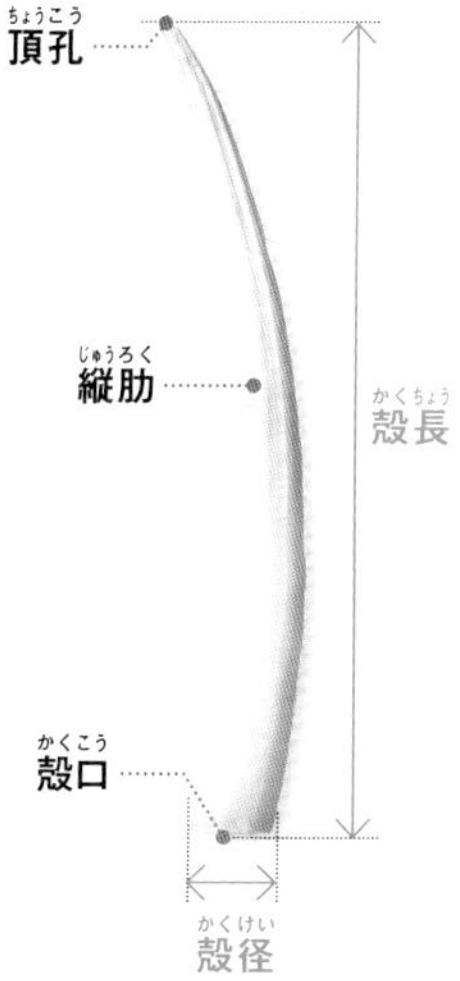

巻貝（アラレガイ）の形態

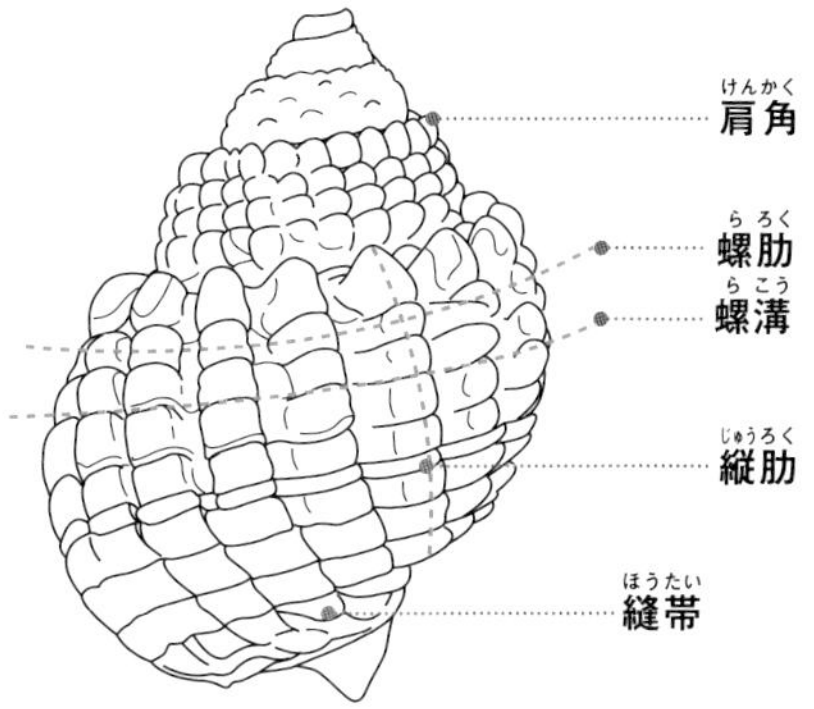

基本

6 貝殻キーワード

知っておきたい基礎知識

外套膜《がいとうまく》

軟体動物の内臓塊《ないぞうかい》をおおう筋肉質の膜。この縁辺部から貝殻が分泌される。普通の貝類では、貝殻の内張りのようになっているが、イカやタコの類では貝殻は外套膜に包まれ、胴部を形作っている。

滑層《かっそう》

貝殻の表面をおおい、エナメルを塗ったようにすべすべした部分。巻貝の殻口《かくこう》の内唇《ないしん》から軸唇《じくしん》にかけて、よく見ることができる。色は白が多いが、赤やピンクなどもある。

岩礁《がんしょう》

磯にある岩場のこと。海藻や着生生物が多く、えさをとるにも身を隠すにも、生き物にとってよい環境にある。

鉸歯《こうし》

二枚貝の左右の殻の合わせ目（ちょうつがい）になる歯のような部分。

砂泥底《さでいてい》・砂礫底《されきてい》

海底の底質を表す言葉。砂の海底は砂底。砂まじりの泥だと砂泥底。小石まじりの砂だと砂礫底。

潮《しお》だまり

主に岩の海岸で、干潮時にできる水たまりのこと。潮間帯特有の魚などを観察できる。「タイドプール」ともいう。

軸唇《じくしん》

巻貝の内唇《ないしん》から水管《すいかん》に続く、螺《ら》旋《せん》の軸にあたる部分をいう。

歯舌《しぜつ》

軟体動物特有のそしゃく器官。えさをけずりとるためのおろし金に似た役割を果たす。使用部分は摩耗《まもう》するが、次々に作り出される。

縦張肋《じゅうちょうろく》

巻貝の殻の軸に平行に走るうね。通常の縦肋《じゅうろく》に比べて太く、段のついた肋をいう。しばしば板状になり、とげ状やひれ状に立つ。

縦肋《じゅうろく》

巻貝の殻の軸に平行してある、盛り上がるうねのこと。笠型の貝殻では放射肋《ほうしゃろく》ともいう。肩の部分でとげ状やこぶ状になることも。

靭帯《じんたい》

二枚貝の左右の殻をつないでいるニカワ質のバンド。

水管《すいかん》

貝類がもつ水の出入りを行うための管。巻貝では、外套膜《がいとうまく》の端《はし》が形作る入水管《にゅうすいかん》を「水管溝《すいかんこう》」がおおい、これが殻口《かくこう》から突き出る場合がある。二枚貝は、殻の後端の腹側に呼吸や食事のための入水管、背側に排泄《はいせつ》や産卵のための出水《しゅっすい》管《かん》がある。

棲管《せいかん》
生き物が自らつくった管状のすみか。ケヤリムシやスゴカイに見られるが、貝殻とは異なる。

成長線《せいちょうせん》
貝が成長するにつれて、貝殻の上にできる細いすじのこと。

成長肋《せいちょうろく》
成長線に沿った盛り上がりのうねを成長脈といい、これが特に太いときは成長肋という。

足糸《そくし》
二枚貝のイガイなどの仲間の脚の一部から分泌される糸状のもので、これで岩などに固着する。

体層《たいそう》
巻貝の最後の層のことで、貝の体の大部分がおさまっている。

潮間帯《ちょうかんたい》
満潮線（高潮線）と干潮線（低潮線）にはさまれた、潮が引いたときに露出する場所。

内唇《ないしん》
巻貝の殻口《かくこう》の体層《たいそう》の下から軸唇《じくしん》にかけての部分をいう。

干潟《ひがた》
内湾の砂や泥地で、引き潮のときに現れる場所をいう。

閉殻筋《へいかくきん》
二枚貝が左右の殻を引きつけ合うときに使う筋肉。俗に「貝柱《かいばしら》」とも呼ばれる。

臍孔《へそあな》
巻貝が巻きながら成長していくとき、中心にできる空所をいう。専門的には「さいこう」と読む。

縫合《ほうごう》
巻貝の巻いた層と上・下の層との合わせ目のところをいう。

放射肋《ほうしゃろく》
笠型の貝殻や二枚貝の場合、縦《じゅう》肋《ろく》のことをいう。殻頂《かくちょう》から縦肋が放射状に出ているように見えるので、このように呼ばれる。

藻場《もば》
内湾や浅海の海底で、アマモ類のような海草やホンダワラ類などの海藻がぎっしり生えている場所。

螺溝《らこう》
巻貝の殻で、成長の方向に平行なすじの、盛り上がった螺肋の間の溝のようにくぼんだ部分をいう。

螺塔《らとう》
巻貝の巻いた殻の部分が重なり合って形づくられた、高くそびえている部分をいう。

螺肋《らろく》
巻貝の殻で、成長の方向と平行にできるすじのうち、特に太くなったうねをいう。それらの間は「螺溝」となる。

本書の見方

本書は、世界中で見つかる貝殻のうち約270種を紹介する入門書である。掲載写真の標本は主に市販されているもののほか、監修者のコレクションなども含まれている。

各貝殻には、貝殻マークで産出度を示したが、もちろん地域や時期によって異なるので、あくまで目安でしかない。さらに傷が少ない貝や大型の貝は、同種であっても手に入りにくいだろう。また、和名や学名については書籍によって表記が異なることがあるが、本書は基本的に『日本近海産貝類図鑑』（巻末の参考文献参照）に拠る。

●貝のデータ
学名、英語名、3段階の産出度のほか、貝の分布や生息域を示す。サイズは平均値を表す。

●Check!
貝殻の特徴や注目したい点など。

●分類
右に示す貝類の主な分類。陸生のマイマイ類は便宜的に巻貝とは区別した。

●貝の名前
貝殻をもつ種の名前。和名の漢字がある場合は列記した。

●実際の大きさ
貝殻の標準的な原寸サイズをシルエットにして示す。

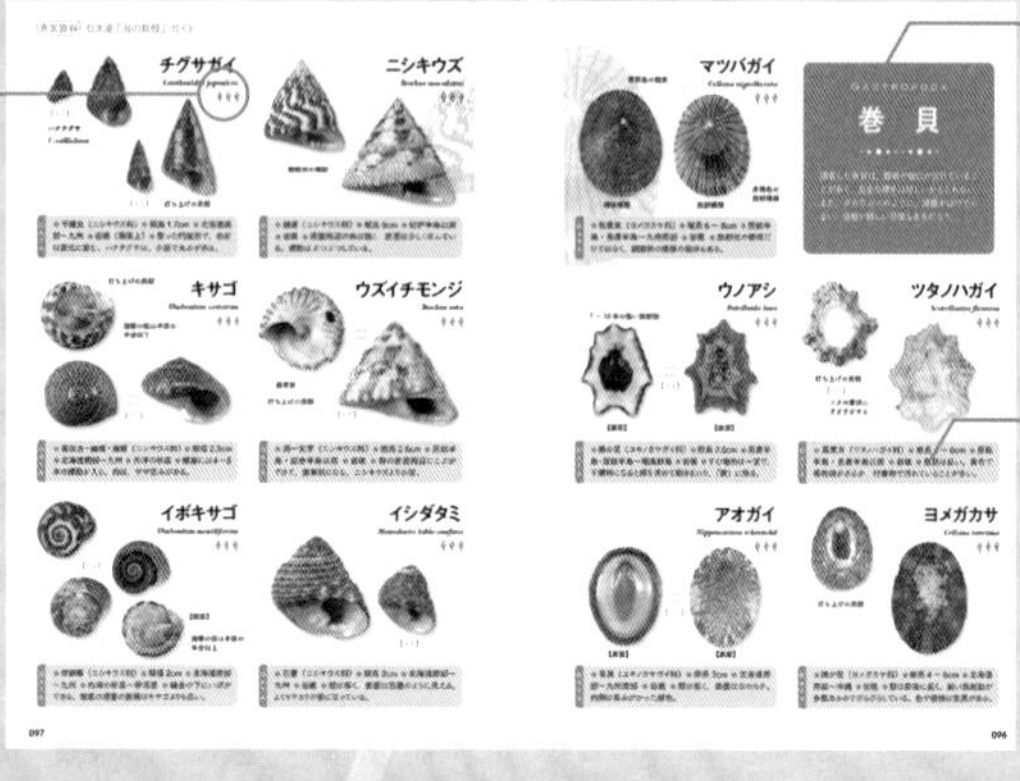

●貝殻の産出度
貝殻の見つかりやすさの目安を、「普通」、「少ない」、「稀少」の3段階で示し、数が少ないほど稀少とした。ただし時期や場所により一定ではない。

●その他の記号
掲載サイズが原寸の場合は「×1」、標本が同じ個体のものは「＝」で示す。

●分類
貝殻の大きなグループ名の見出しとその主な特徴。

●貝殻データ
科名、サイズ、日本国内での分布、生息域、主な特徴を示す。

PART 1

色が美しい貝殻

貝の中には、その特徴的な色合いにちなんで命名されたものが多くある。また、熱帯に暮らす巻貝やマイマイ類は派手な殻を持つものが多い。本章では、その「色」に着目して、美しい貝殻を紹介する。

Neritina communis

●英名：**Zigzag nerite**　●分類：アマオブネガイ目アマオブネガイ科
●サイズ：殻高 1.2cm　●分布：西太平洋
●生息域：マングローブ林内の泥底

ジグザグ模様が美しい熱帯の貝殻

ゴシキカノコ

▼五色鹿子

CHECK!

ジグザグ模様

模様はジグザグばかりではなく、黒と白〜黄褐色の縞模様などさまざまある。（標本＝フィリピン）

ゴシキカノコは、フィリピンをはじめとする東南アジア以南の熱帯西太平洋に生息する巻貝である。日本の近海には生息しないが、貝殻ショップで見かけることは多い。その最大の特徴は、ジグザグ模様とバリエーションの豊かさだろう。

和名では「五色《ごしき》」とあるが、これは派手な色を表現したもので、本当に5色あるわけではない。基本的には小豆《あずき》のような赤紫色や乳白色〜黄褐色の地色に、黒色のジグザグ模様が螺旋《らせん》状に連なる。そのジグザグ模様には多様なパターンがあり、個体差は大きい。幅は一定ではなく、さまざまな姿を楽しむことができるだろう。

Janthina globosa

●英名：Elongate janthina　●分類：新生腹足目アサガオガイ科
●サイズ：殻高・殻径 3.5cm　●分布：全世界の暖流域
●生息域：黒潮系水域およびその付近で浮遊

巻貝　02

ルリガイ

▼瑠璃貝

海上で浮遊生活をする青紫色の貝

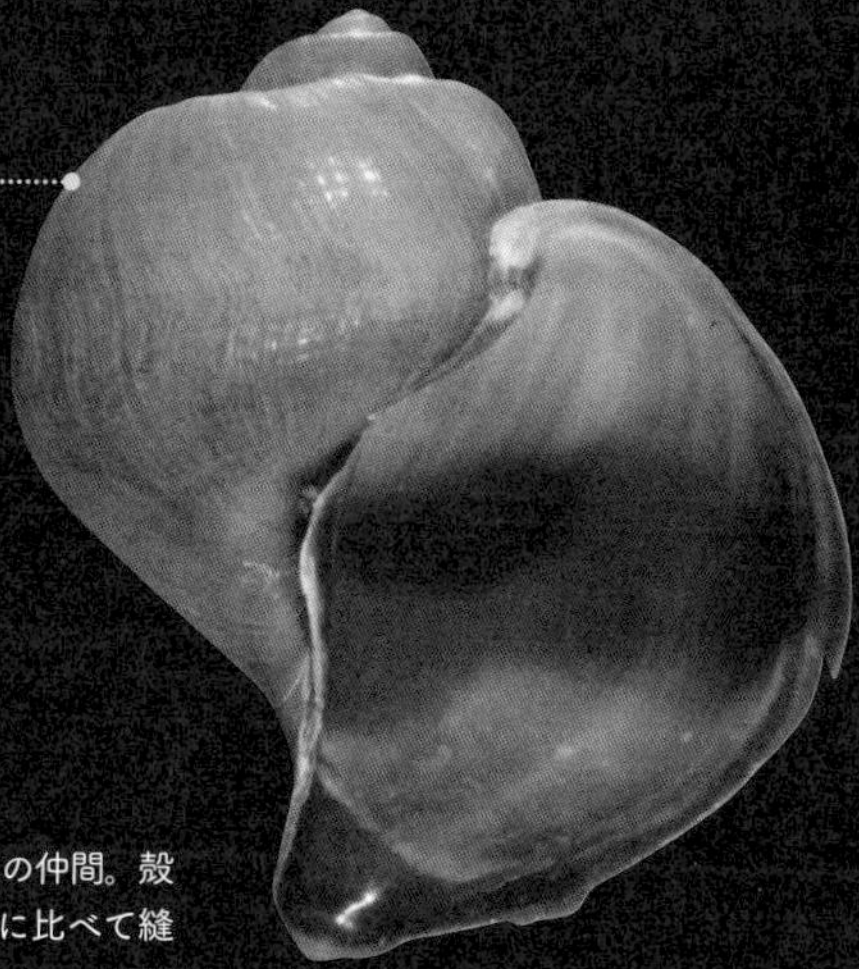

CHECK!

瑠璃《るり》色？

厳密にいえば「瑠璃色」とは青～青紫色のことだが、ルリガイはやや薄い紫色をしている。

↓アサガオガイ

Janthina janthina

殻高 2.5cm ほどのルリガイの仲間。殻軸が真っすぐで、ルリガイに比べて縫合は浅い。殻の上部は白色。

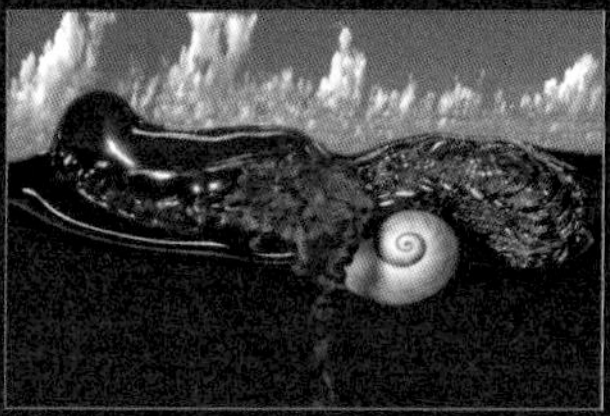

↑アサガオガイ。浮き袋にぶらさがって浮遊し、カツオノエボシを捕食している。

美しい薄紫色でカタツムリ状の殻を持つ。台風や強風のあとに海岸に漂着することが多く、殻は薄くて壊れやすい。独特なのはその生態。ルリガイは足の裏から出る粘液で水面に空気を含んだ浮き袋を作り、そこにぶら下がって海上を漂いながら暮らす。

青紫色の貝殻は海の色に擬態して、捕食者の魚の目をごまかすためのものとも考えられている。こうして海上を漂っているクラゲを捕食し、猛毒のカツオノエボシも食べてしまう。このためクラゲが打ち上げられた浜にルリガイが見つかることもある。雌雄同体で最初はオス、やがてメスとなって、この浮き袋の下に卵嚢《らんのう》を産みつける。

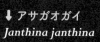

Clanculus puniceus

●英名：**Purplish clanculus**　●分類：古腹足目ニシキウズ科
●サイズ：殻高・殻径 2.5cm　●分布：南アフリカ、東アフリカ、インド洋
●生息域：水深 2m ほどの潮間帯

フルーツに似たかわいい貝殻

イチゴナツモモ

▼苺夏桃

CHECK!

顆粒状の螺肋

円錐形の丸みを帯びた
螺層には、白と黒の顆粒が並び、
イチゴの種のように見える。

➡ ナツモモ
Clanculus margaritarius
殻高 1.2cm ほど。房総半島・能登半島以南に生息する。

⬅ ユビワエビス
Calliostoma annulatum
殻高 3cm ほど。アメリカのアラスカ州からカリフォルニア州南部に生息する。

色形ともに、よく熟したイチゴの実を思わせる。螺旋《らせん》に沿った白と黒の顆粒《かりゅう》（つぶつぶ）も、イチゴの種のようである。日本近海には分布していないアフリカの貝で、貝殻ショップで見かけることも多い。日本では、房総半島以南に生息するナツモモがこれと似た形をしている。ちなみに「ナツモモ」とは、果実が夏季に熟する早生種の桃のこと、または夏季に熟する中国のヤマモモ（楊梅）のことだとする説がある。

エビスガイ科にも小ぶりでかわいい貝殻があり、たとえば「ユビワエビス」のように薄黄色の螺層《らそう》を紫色のラインが取り巻くアクセサリーのような貝殻もある。

Papustyla pulcherrima

●英名：**Green tree snail**　●分類：汎有肺目ナンバンマイマイ科
●サイズ：殻高 3.8cm ／殻径 2.7cm　●分布：パプアニューギニア（マヌス島）
●生息域：高い木の上

マイマイ

04

パプアニューギニアのカタツムリ

ミドリパプア

↓ミドリパプアには、白色や黄色のカラーバリエーション(色彩変異)がある。

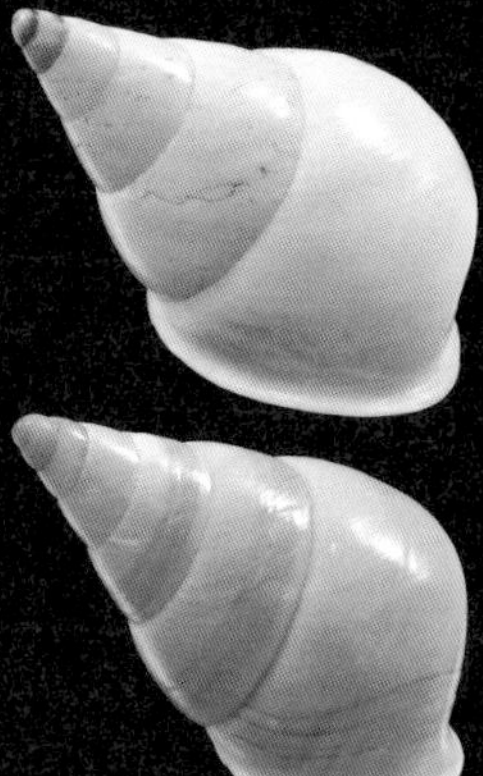

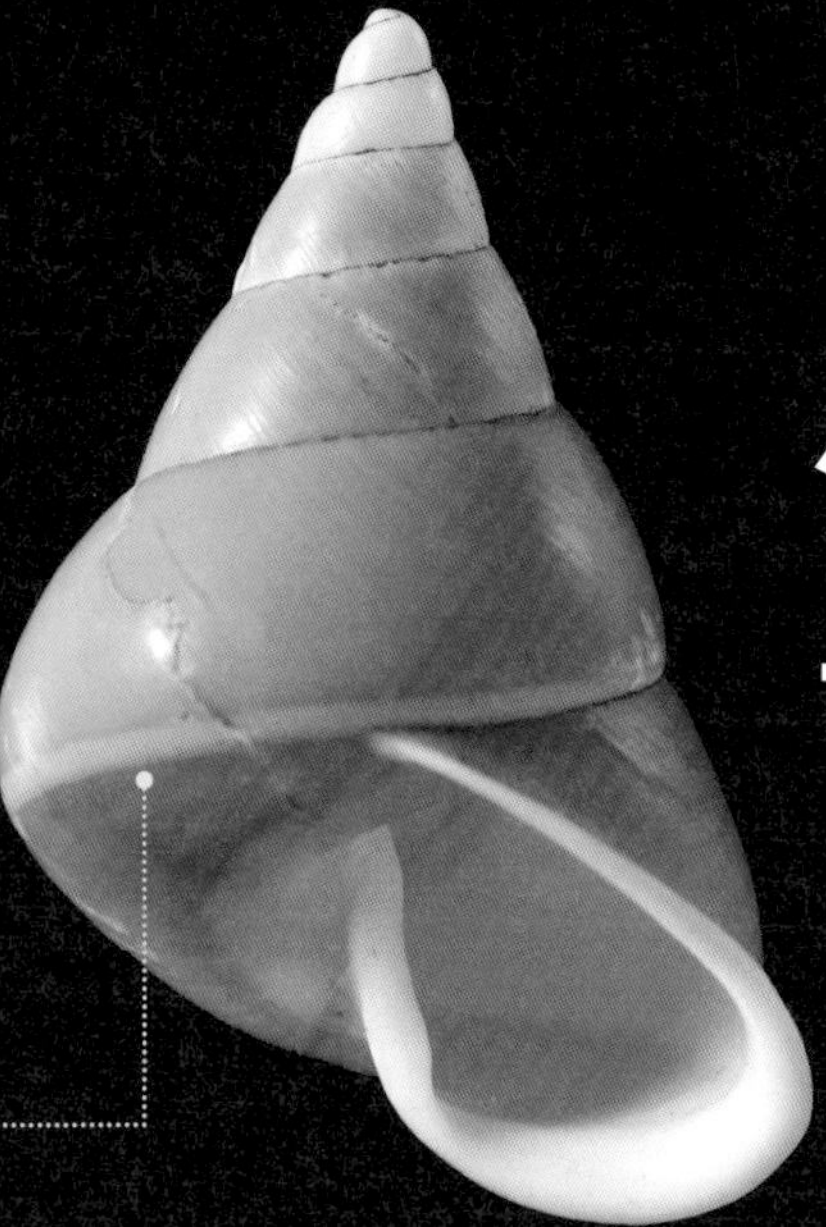

CHECK!

黄色い細帯

Polymita picta

●英名：**Cuban land snail**　●分類：汎有肺目コダママイマイ科
●サイズ：殻径 2.5cm くらい　●分布：キューバ西部
●生息域：熱帯雨林

マイマイ　05

コダママイマイ

世界一派手なキューバ固有のカタツムリ

↑←殻の赤い地色に黒と白の色帯が渦を巻いたコダママイマイの貝殻。軟体部は褐色だが、殻は鮮やかな色になる。

鮮やかな黄色に白や黒のストライプ、あるいは目の覚めるような赤やオレンジ。まるで原色の塗料を塗ったようなカラフルな殻をもつコダママイマイは、キューバの固有種で、世界一美しいといわれるカタツムリである。

まるで人工の色のようにさえ見える。色彩のパターンもさまざまで、いずれも大胆な色づかいが目を引く。わびさびの世界に通じる渋い色をした日本のカタツムリに比べて、キューバならではのラテン系の陽気ささえ思わせる。熱帯産の貝が、なぜこのように派手な色や模様になりがちなのかは謎である。

コダママイマイは植物の葉について「すす病」という病

アカネマイマイ
Calocochlia festiva

ピンクオマツリマイマイとも呼ばれるフィリピンのルソン島周辺に生息するカタツムリ。殻径は 4cm ほどで、殻頂にいくほど赤紫色になる。

イナズマコダマママイマイ
Polymita sulphurosa flammulata

コダマママイマイに近縁のカタツムリで、キューバ産。黄緑色の殻表に灰褐色の稲妻模様が走る派手な貝殻である。殻径は 2cm 前後になる。

サオトメイトヒキマイマイ
Liguus virgineus

キューバをはじめとする西インド諸島に生息するカタツムリ。殻高は 7cm ほどになる。白地の殻表には、オレンジ・黄・黒のラインが走り、個体によって間隔や太さは異なる。

⬆黒、黄、白、オレンジなど、コダマママイマイのさまざまなカラーバリエーション

害を引き起こすカビ菌を食べる。この菌はアブラムシやカイガラムシの排泄物を栄養にして繁殖する。このためキューバではコーヒー農園などにコダマママイマイを放して疫病予防に用いてきた。ただし、近年はその美しい殻を求めるコレクターによる乱獲が問題となっており、キューバ国内でも保護動物のひとつに指定されている。

日本では静岡県河津町の動物園i-Zoo（イズー）で飼育展示され、地元のミカン農家から提供されたすす病にかかった葉を餌《えさ》にして繁殖にも成功している。誕生直後の殻は半透明で、2か月ほどたつと徐々に白やピンクの色が現れ、個体差が出てくる。

Mimachlamys nobilis

●英名：**Noble scallop**　●分類：イタヤガイ目イタヤガイ科
●サイズ：殻長・殻高ともに 12cm　●分布：房総半島〜沖縄
●生息域：水深 20m 以浅の岩礁底／南日本で養殖

色のバリエーションが豊富なおいしい貝

ヒオウギ

▼檜扇

↑さまざまな色のヒオウギ(写真はすべて右殻)。近海の天然産は、赤褐色が多い。
地域によって、「虹色貝」「長太郎」などという名の登録商標でも呼ばれている。

檜材《ひのきざい》を束ねてつくった扇のように見えることから「檜扇《ひおうぎ》」の名がある。鮮やかな色が特徴的である。イタヤガイ科の多くの貝がそうであるように、ヒオウギは赤、橙、黄、紫、褐色など色彩の変異が著しい。美しい単色のものはむしろ少なく、色が混ざっていたり、まだら状のものが普通である。

食用としても人気があり、養殖が盛んである。ホタテガイほどではないが、二枚貝に特有の閉殻筋《へいかくきん》、すなわち貝柱《かいばしら》は大きい。味は甘みや旨みが濃厚で、刺身や炭火焼きなどにして食べる。かつて、紀伊半島周辺の海女《あま》が真珠貝のついでに採っていたヒオウギは、桶の中でよく暴れたため、「バタバタ」とも呼ばれた。

Pharaonella sieboldii

●英名：**Full-blooded tellin**　●分類：マルスダレガイ目ニッコウガイ科
●サイズ：殻長 6.4cm ／殻高 2.3cm　●分布：北海道南部〜九州
●生息域：潮間帯下部〜水深 20m の細砂底

二枚貝　07

浜辺で拾いたくなるピンク色の貝

ベニガイ

▼紅貝

⬇ベニガイ。台風などの後に浜辺で見つかることが多く、地域によっては稀少になりつつある。(標本＝遠州灘)

⬆ サクラガイ

Nitidotellina hokkaidoensis

桃色の貝。殻長 2cm ほどで、殻は薄くて壊れやすい。近縁のカバザクラと見まちがいやすい。

⬆ オオモモノハナ

Macoma praetexta

殻長 3cm ほどの貝。サクラガイなどと一緒に漂着したもの。後端はややとがる。(標本＝鎌倉)

殻は薄く、後端は細く伸びてくちばしのようにとがっている。美しい紅色をしており、個体によって色の深さや鮮やかさはさまざまで、白色の個体もある。ニッコウガイ科の貝の一種で、近縁にサクラガイ、オオモモノハナなどがある。これらはまとめて「桜貝」のほか「色貝」、「花貝」とも呼ばれる。浜辺で見つかるのは、片殻や破片がほとんどかもしれない。

　古来、桜貝は日本人に好まれ、多くの和歌が詠まれてきた。平安末期の西行《さいぎょう》は、風が桜を散らすように海の風にたつ波が桜貝を浜へ打ち寄せる様子を歌に詠んだ。「吹く風に花咲く波のをるたびに桜貝寄る三島江の浦」(『山家集』)。

Soletellina diphos

●英名：**Diphos sanguin**　●分類：マルスダレガイ目シオサザナミ科
●サイズ：殻高 4cm ／殻長 8cm　●分布：房総半島～台湾
●生息域：水深 20m くらいまでの亜潮間帯、泥底

殻の色から名づけられた貝

ムラサキガイ

▼紫貝

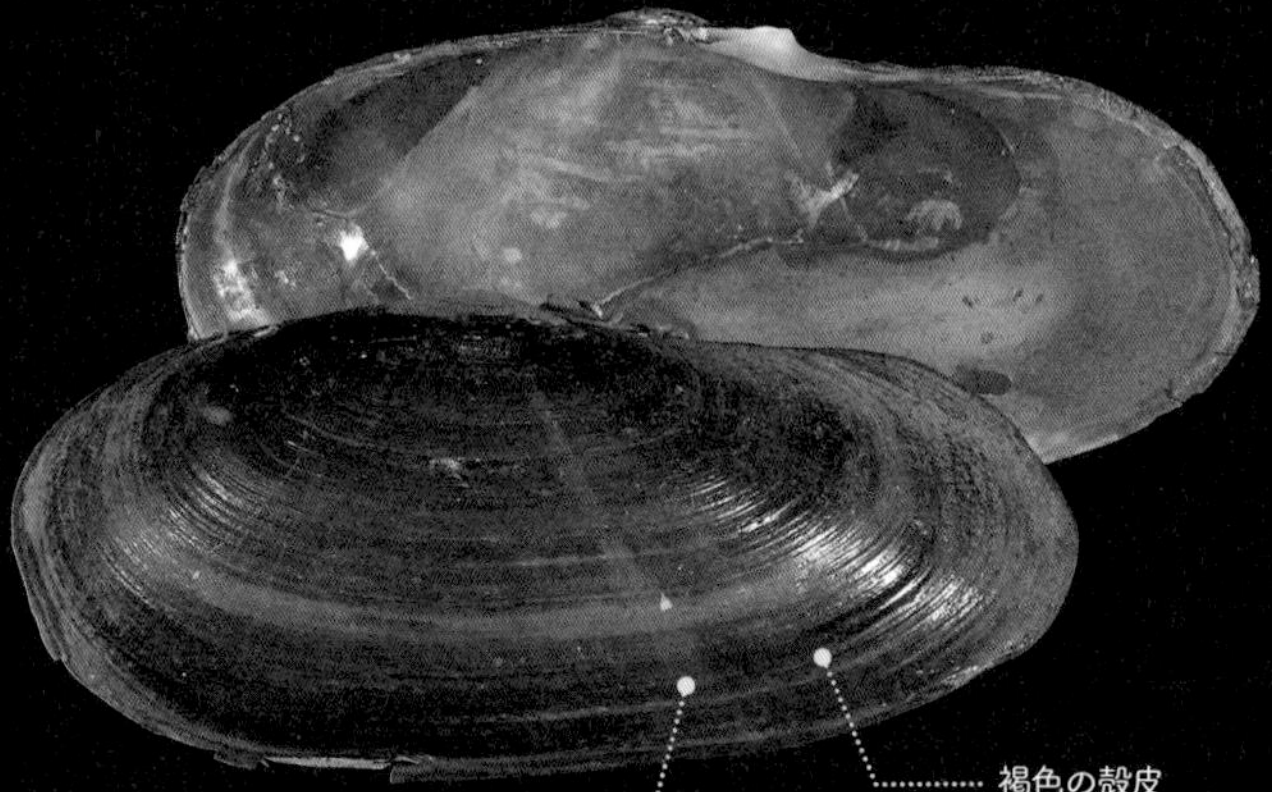

⬆ムラサキガイ。姿が似た近縁のフジナミガイは砂底に生息するもので、殻頂がやや高くなる。

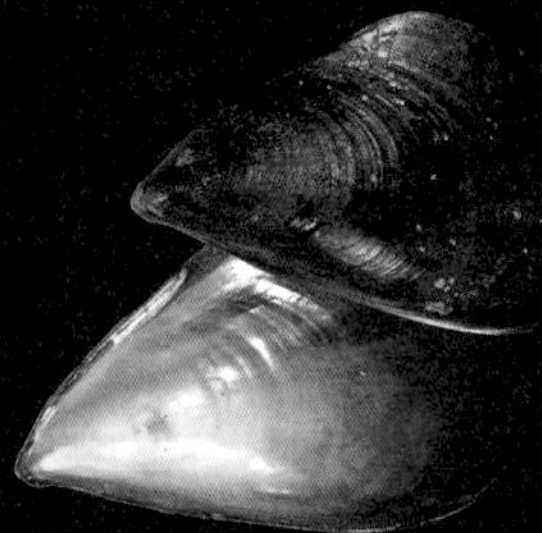

ムラサキイガイ
Mytilus galloprovincialis

ムラサキガイとは違う科（イガイ科）。ムール貝と言い換えれば誰もが知る食材だが、侵略的外来生物としても悪名高い。繁殖力が強く、強靭な足糸で岩礁や桟橋などに固着する。

ベニガイ、アオガイなど殻の色にちなんで名づけられた貝は多く、このムラサキガイもそのひとつ。褐色の殻皮《かくひ》におおわれているが、殻そのものは藤の花を思わせる紫色で、殻の内面も鮮やかな紫色である。幼貝のときは白く、成長にしたがって紫色を帯びる。

かつては浜名湖や博多湾など日本各地に普通に見られ、干拓や護岸工事などによって生息地・生息数がともに激減。現在は絶滅危惧種に指定されている。一方、名前が似ているムラサキイガイ（ムール貝）は、姿も形も別種で、繁殖力が強い二枚貝である。このムール貝が誤って「ムラサキガイ」と呼称されることもあってややこしい。

Pictodentalium formosum

●英名：**Formosan tusk shell**　●分類：ツノガイ目ゾウゲツノガイ科
●サイズ：殻長 10cm ／殻口径 1.5cm　●分布：紀伊半島以南、熱帯西太平洋
●生息域：水深約 20m までの砂底

09
ツノガイ

ツノガイ類を代表する色鮮やかな貝殻

ニシキツノガイ

▼錦角貝

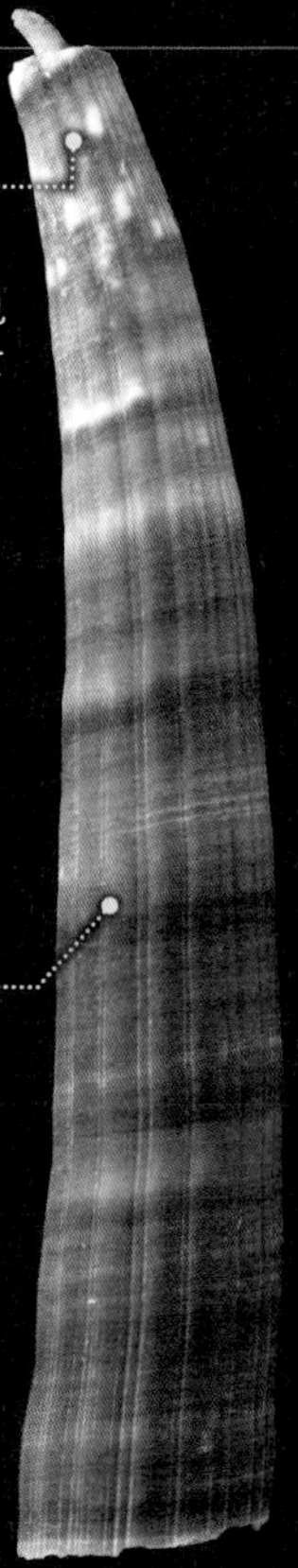

CHECK!

太い殻頂

若い標本では殻頂に切れこみが見られるが、成長とともになくなっていく。（標本＝沖の島）

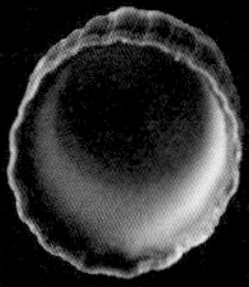

⬆ニシキツノガイの殻口。内側は白い。

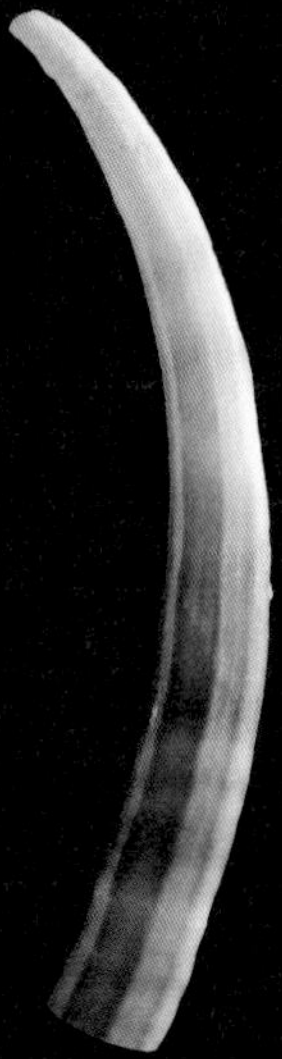

⬅ ゾウゲツノガイ
Dentalium elephantinum

フィリピン以南の西太平洋に普通に分布する殻長 7cm ほどのツノガイ。縦肋は鋭く、殻口に行くほど緑は濃くなる。

ツノガイ類は角笛に似た形をして、触角や目、えらをもたない独特の貝。そのツノガイの中でもひときわ太く、色が特徴的な貝殻がニシキツノガイである。全体としては濃い赤紫色で、紫、赤、緑、白、黄の輪紋《りんもん》が殻を虹のように彩っていて、色彩が非常に美しい。やや稀少な貝殻で、特にオーストラリア近海のタイプは色が鮮やかだと考えられている。

日本近海で見つかるその他のツノガイ類は白色や褐色のものが多く、フィリピン以南の西太平洋には、７センチほどの大きさで、白色〜青緑色になるゾウゲツノガイがいる。緑色が印象的であるが、なぜか象牙の名前をもつ。

ヴィジュアル特集①

模様が美しい貝殻

貝殻が美しいのは、色ばかりではない。貝の表面に現れる独特の模様も愛好されている。特にガクフボラ科（ヒタチオビ科）の貝殻は、稀少で高価なものも多い。

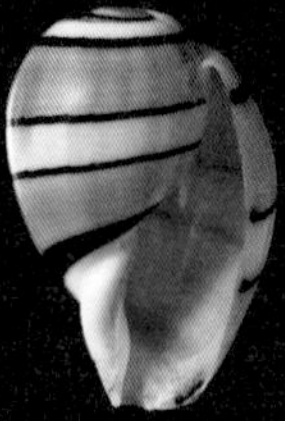

← ベニヤカタ
Hydatina amplustre
●巻貝・ミスガイ科 ●殻高2.5cm ●紀伊半島以南の熱帯インド－西太平洋 ●ピンクの螺帯と黒線が美しい。写真はマルケサス諸島産。

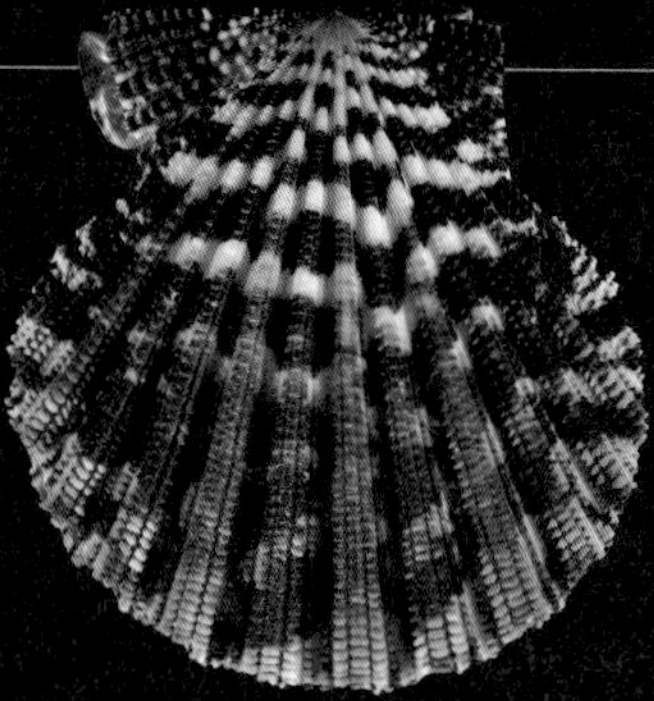

↑ チサラガイ
Gloripallium pallium
●二枚貝・イタヤガイ科 ●殻長7cm ●紀伊半島以南、熱帯インド－西太平洋 ●雲状斑をもつ個体が多い。

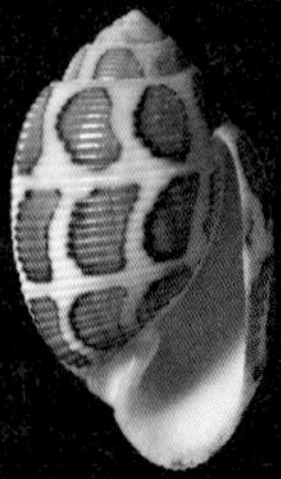

→ モヨウカヤノミガイ
Acteon eloisae
●巻貝・オオシイノミガイ科 ●殻高 2.5cm ●アラビア南東部

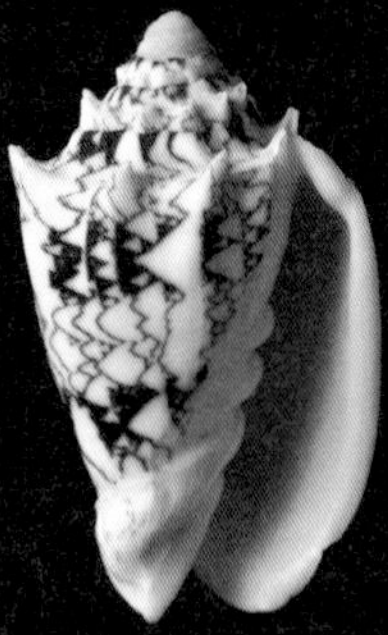

← キングチコオロギボラ
Cymbiola chrysostoma
●巻貝・ガクフボラ科 ●殻高5cm ●インドネシアに稀産する殻口内が黄色い巻貝。

→ クルマガイ
Architectonica trochlearis
●巻貝・クルマガイ科 ●殻高 2cm／殻径 6cm ●房総半島以南、熱帯インド－西太平洋 ●褐色と白色の帯が互い違いに渦を巻いている。

→ ガクフボラ
Voluta musica
●巻貝・ガクフボラ科 ●殻高 7cm ●カリブ海 ●楽譜の５線譜のような模様ができる。地色は個体により変異がある。

← ミヒカリコオロギボラ
Aulica imperialis
●巻貝・ガクフボラ科 ●殻高 20cm ●フィリピン南部で普通に産する巨大な巻貝。肩部にトゲが発達する。

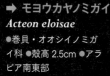

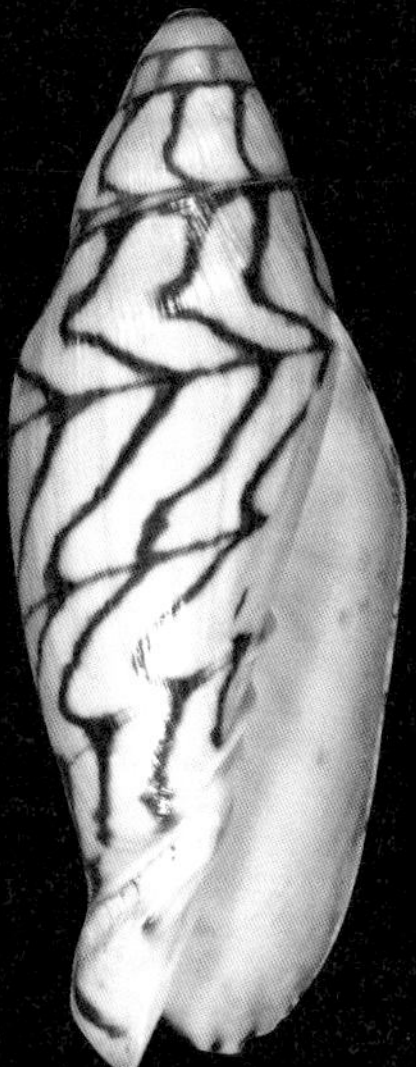

➡ マルオミナエシ
Lioconcha castrensis
●二枚貝・マルスダレガイ科 ●殻長 4cm ●紀伊半島〜オーストラリア北東部 ●風景のような山型のジグザグ模様ができる。

⬅ モクメボラ
Amoria undulata
●巻貝・ガクフボラ科 ●殻高 9cm ●オーストラリア南東部 ●紡錘形の殻表に木目模様ができる。

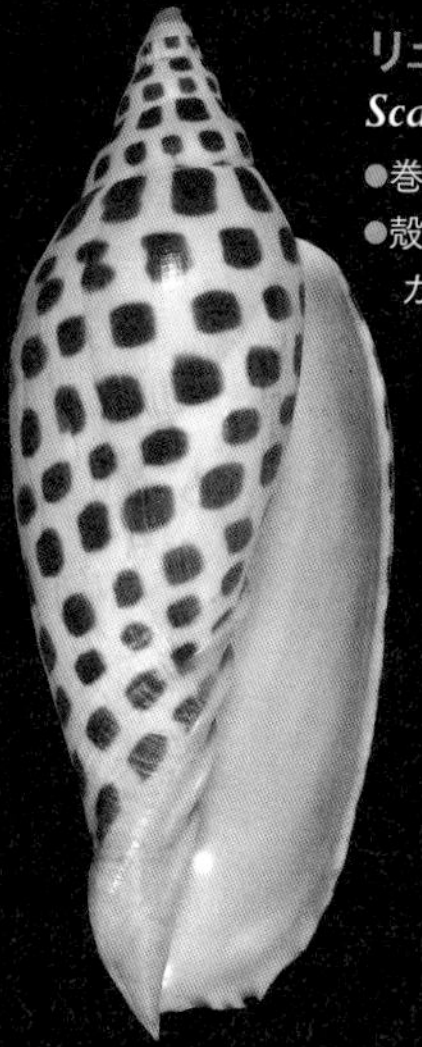

リュウグウボラ
Scaphella junonia
●巻貝・ガクフボラ科 ●殻高 15cm ●北アメリカ（大西洋）●黒褐色の点紋が網目状に散らばる美しい巻貝。

⬆ ブランデーガイ
Volutoconus bednalli
●巻貝・ガクフボラ科 ●殻高 10cm ●オーストラリア北部 ●かつて収集家が高価なブランデー１本と交換したことから命名された。

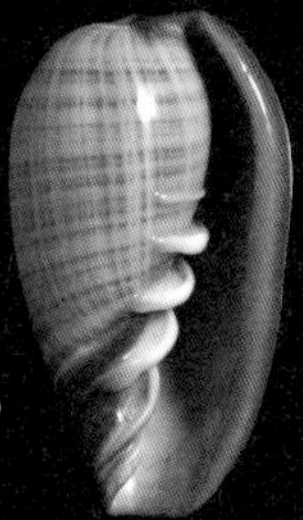

カスリトリノコガイ
Marginella elegans
●巻貝・ヘリトリガイ科 ●殻高 4cm ●インド洋（ミャンマー〜タイ南西部）●灰青色の地に無数の縞模様ができる。外唇は茶褐色。

➡ ベニシボリミノムシ
Costellaria stainforthii
●巻貝・ミノムシガイ科 ●殻高 4cm ●奄美以南の熱帯インド－西太平洋 ●縦肋上に赤褐色の帯が斑状に現れる。

⬆ チョウセンフデ
Mitra mitra
●巻貝・フデガイ科 ●殻高 8 〜 13cm ●紀伊半島以南、熱帯インド－太平洋 ●赤褐色の斑紋が破線状に連なる。

⬅ ヘブライボラ
Voluta ebraea
●巻貝・ガクフボラ科 ●殻高 9 〜 15cm ●ブラジル北部〜北東部に産する巻貝。

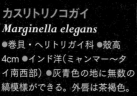

➡殻は白いが身は赤いアカガイ。近年では国産のアカガイは減少傾向にあり、輸入が多くなっている。

⬅アカガイと近縁のハイガイ（フネガイ科）。かつては、漆喰や肥料に使用された「貝灰」の原料とされたので、「灰貝」と名づけられた。

食用部分が注目されて……

色の名前がついた貝

色の名前がつく貝の多くは、たいてい殻の色にちなんで名づけられている。たとえばベニガイ、ムラサキガイ、ルリガイ、シロガイなどがあるが、「アカガイ（赤貝）」だけは殻の色ではなく、身の色にもとづいて名づけられた貝である。これはなぜだろう？

アカガイは寿司でもおなじみのネタなので、左右に開かれ、翼のような形をした赤橙色の刺身を見たことがある人も多いだろう。シコシコと歯ごたえがよく、ビタミンAが多く含まれている冬の味覚だ。

一般的に貝類の血液はヘモシアニン系が多く、無色になる。しかし、アカガイの仲間は例外的にヘモグロビン系の赤い血をもっている。おそらくアカガイは古くから食材として利用されてきたので、その身の赤さが名前の由来になったのだと考えられる。

アカガイと近縁の「ハイガイ」もまた、身が赤い貝である。特にハイガイを多く産した有明地方では「ちんみ」とも呼ばれる。これは「珍味」ではなく「血の身」がなまったものらしい。その殻は漆喰《しっくい》や肥料など、幅広く用いられている。同科のサルボウやサトウガイとともに、アカガイの代用にされることがある。

PART 2
形が美しい貝殻

古来、人類は貝殻の形に強く惹き付けられてきた。本章では、自然が作り出した驚異の造形を見るために、形が美しい代表的な貝殻を紹介する。

Epitonium scalare

- 英名：**Precious wentletrap**
- 分類：新生腹足目イトカケガイ科
- サイズ：殻高 5cm ／殻径 3cm
- 分布：房総半島・山口県北部以南、インド－西太平洋
- 生息域：水深 50 ～ 120m の砂泥底

01

巻貝

ネジのような縦肋が美しい

オオイトカケ

▼大糸掛

⬆オオイトカケの臍孔（へそあな）は、ほとんど螺頂にまでおよぶ。

CHECK!

はっきりとした縦肋

各螺層には、殻頂から続く顕著な縦肋が走る。イトカケガイ科の貝は、この姿が「糸をかけた」ように見えることから名づけられた。

今でこそ貝殻ショップでも普通に見かけることがあるオオイトカケは、18世紀に世界で初めて紹介されたころ、「世界四大稀少貝」のひとつとも呼ばれ、貝類の中でも最も形が美しいもののひとつとされてきた。殻は白色で光沢があり、淡褐色を帯びることがある。螺旋《らせん》状に続く螺層《らそう》は各層ごとに離れ、各層の縦についた板状の縦肋《じゅうろく》はつながっている。

近縁のネジガイは、オオイトカケよりも小型の貝で、房総半島以南に生息している。形はオオイトカケと似ているものの、殻高は2センチほどで小ぶり。ネジガイは岩礁潮間帯のイソギンチャクの周囲で見つかることがある。

Thatcheria mirabilis

- 英名：**Japanese wonder shell**
- 分類：新生腹足目フデシャジク科
- サイズ：殻高 10cm ／殻径 4cm
- 分布：相模湾以南、フィリピン、オーストラリア北部
- 生息域：水深 160 ～ 400m 付近

02　巻貝

美しい螺旋を描く貝殻

チマキボラ

▼千巻法螺

CHECK!

鋭い肩角

各層の肩の角度がこれほど鋭い貝殻は他に例がなく、その結果、螺塔は螺旋階段のような姿に見える。

⬆螺頂から見たチマキボラ。湾入は肩の上に見える。

チマキボラの形は、あまりに特異で美しい。螺塔《らとう》が「バベルの塔」を思わせる螺旋状階段の形をしているのだ。この貝が世界で初めて学術的に記載されたのは1877年であるが、江戸時代の1843年には武蔵石寿《むさしせきじゅ》の貝類図鑑『目八譜《もくはちふ》』で、すでに知られた貝であった。

和名の「チマキ」とは端午《たんご》の節句の「茅巻き」ではなく、角度のついた螺層が幾重にも重なっている様子を「千巻」として表したものらしい。その形の奇抜さは、学名にもそのまま「ミラビリス（驚異）」と呼ばれているほどである。生きているときの殻表は淡紅色で鮮やか。月日のたった標本では淡い黄褐色になる。

Guildfordia triumphans

●英名：**Triumphant star turban**　●分類：古腹足目サザエ科
●サイズ：殻高 2.8cm ／殻径 6cm（トゲ含まず）　●分布：房総半島・能登半島以南
●生息域：水深 100 ～ 300m の砂底

03
巻貝

車輪に似た美しい貝殻

リンボウガイ

▼
輪宝貝

CHECK!

放射状のトゲ

リンボウガイは、９本前後のトゲが発達する。

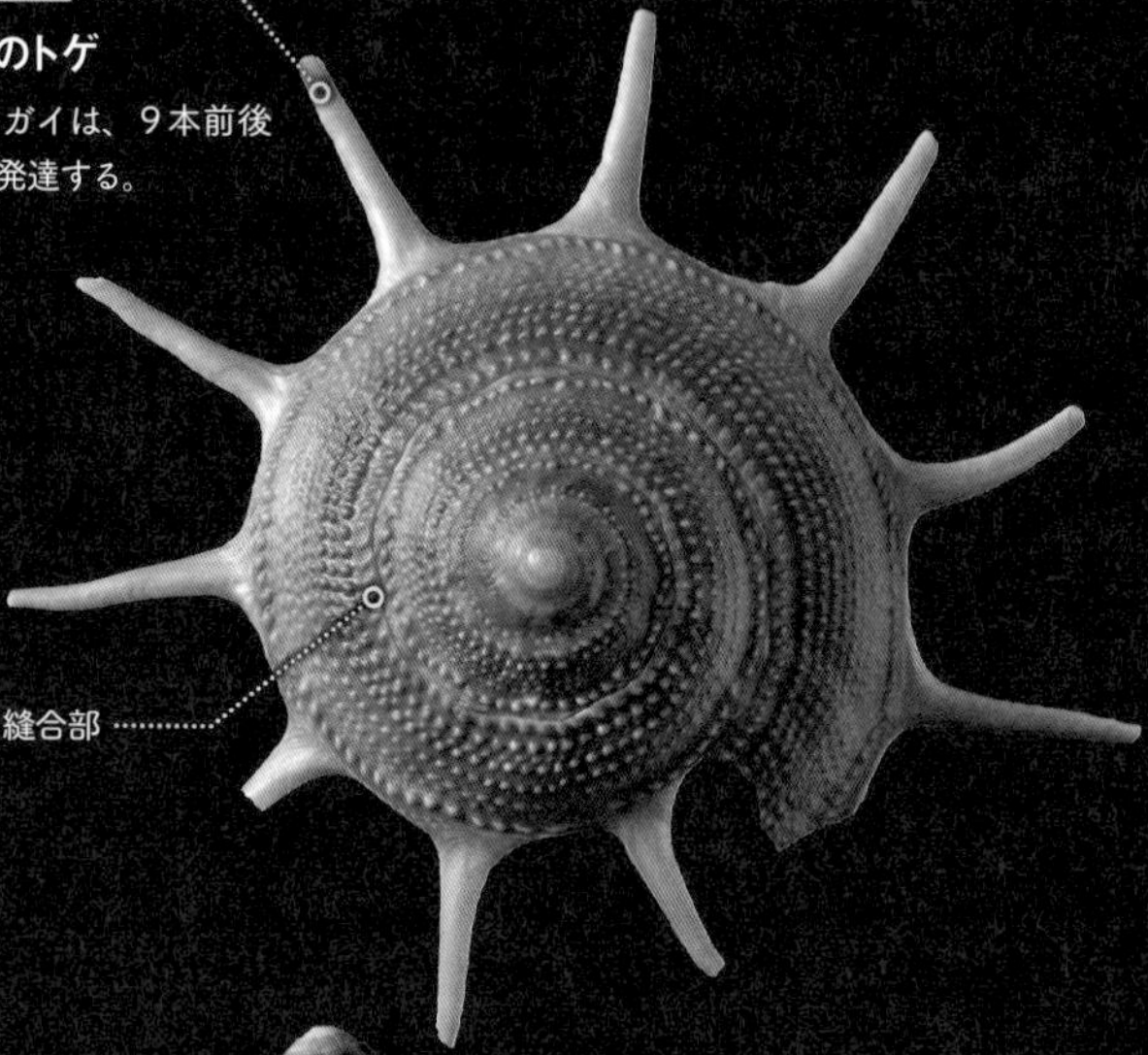

←螺塔はやや低く、トゲは水平に突き出ている。

リンボウガイは、周縁から7~9本のトゲが突き出た巻貝。成長にしたがって古いトゲは切り落とされるので、渦を巻く縫合部《ほうごう》にそのあとが残る。これと似た種にハリナガリンボウがあるが、トゲはリンボウガイよりも長く、湾曲することもある。いずれも日本を代表する美しい貝殻のひとつで、水平に突き出たトゲは姿勢の安定に役立つと考えられている。

ちなみに和名のリンボウは、「輪宝」と書く。これはもともと古代インドで車輪の形をした伝説上の武器のことであったが、やがて仏教に取り入れられると聖王が持つ七宝のひとつとされ、仏具としても用いられている。

Tibia fusus

●英名：**Shin-bone tibia**　●分類：新生腹足目ソデボラ科
●サイズ：殻高 23cm ／殻径 3cm　●分布：台湾以南、西太平洋
●生息域：水深 5 ～ 50m の砂底

巻貝　04

ハシナガソデガイ

細長く突き出た水管溝が特徴

▼嘴長袖貝

CHECK!

長く伸びた水管溝

ハシナガソデガイの水管溝は、上方の螺塔と同じぐらい長く、細いので折れやすい。

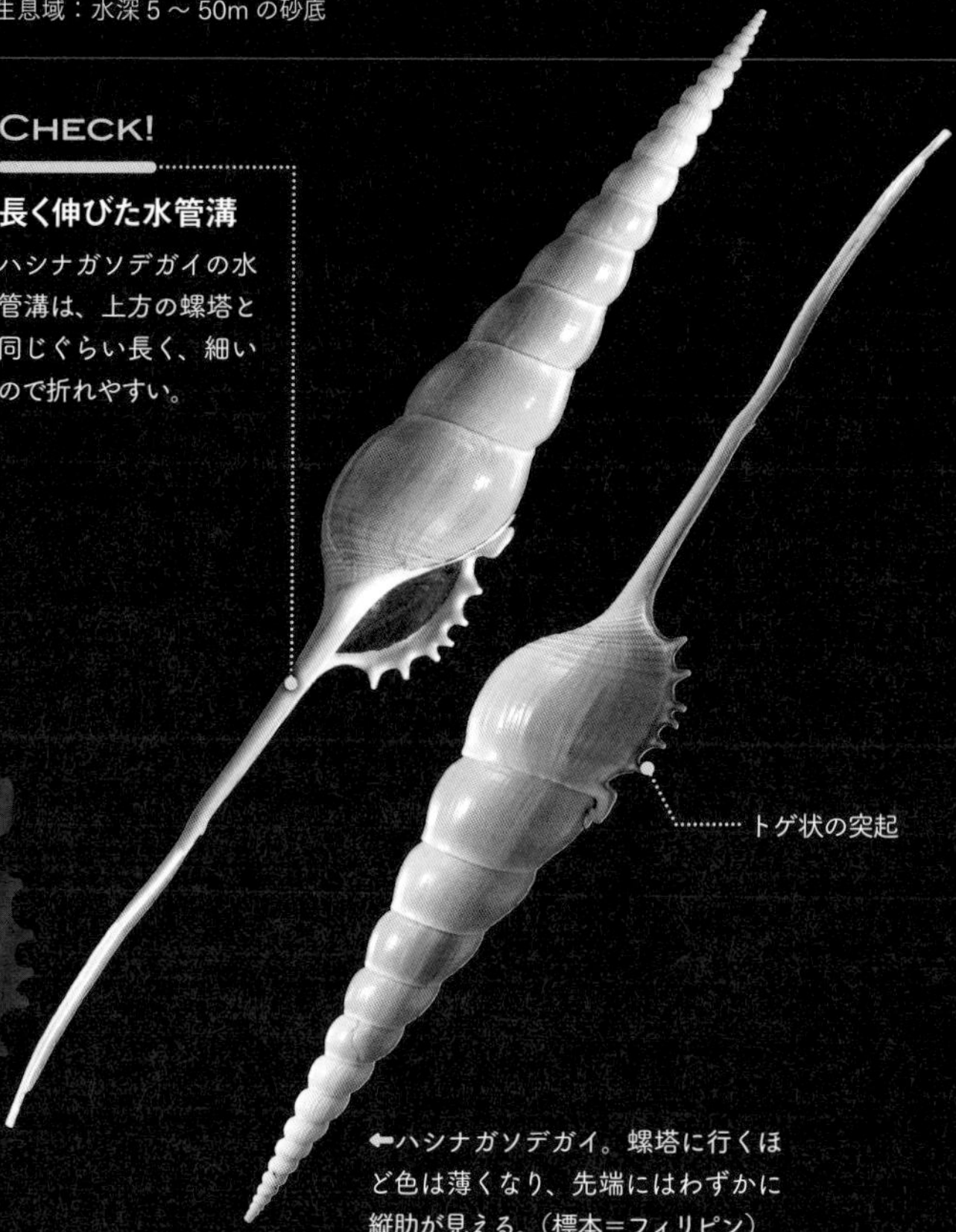

←ハシナガソデガイ。螺塔に行くほど色は薄くなり、先端にはわずかに縦肋が見える。（標本＝フィリピン）

日本近海で見つかることはないが、古くは稀少とされた美しい貝殻のひとつが、ハシナガソデガイである。台湾やフィリピンではやや普通に産する貝なのだが、螺塔《らとう》と同じぐらいの長さまで伸びた細長い水管溝《すいかんこう》が折れずに残っていることが少なかったためだろう。全体で30センチほどの長さになることもある。

学名の「fusus」とは「紡錘《ぼうすい》」を意味する。中型の貝殻では鋭い形をしたものも珍しく、コレクターに珍重されている。全体的に褐色味を帯び、殻頂《かくちょう》は色が薄くて布目状。殻口外《がい》唇《しん》には突起がある。殻口から突き出た水管溝は、殻の重心をとるために発達するらしいが不便ではないのだろうか？

Babelomurex japonicus

●英名：**Japanese latiaxis**　●分類：新生腹足目アッキガイ科
●サイズ：殻高 6cm　●分布：房総半島以南、フィリピン、オーストラリア、ハワイ諸島など
●生息域：水深 30 ～ 400m の砂礫底

05
巻貝

花弁状の緻密なトゲが美しい

テンニョノカムリ

▼天女の冠

CHECK!

花びら状のトゲ

テンニョノカムリは螺塔と肩部にトゲが発達する。螺頂から見ると、まるで花びらのようである。

ヒメカセン
Babelomurex spinosus

殻高が 3.5cm ほどの大きさで、肩のトゲが大きく伸びる。本州中部以南に産する。

テンニョノカムリは小さな貝であるものの、その貝殻は肩部に並ぶ花弁状の突起や殻表の彫刻が美しい。和名の「天女の冠」とは、優美なその姿にちなむ。人との関わりはない貝であるが、タカラガイやイモガイのような模様が美しい貝殻とは違い、繊細で緻《ち》密《みつ》な形態である。同科のカセンガイやヒメカセンなどを含めてコレクターがいるほどで、観賞用として人気がある。

　これらの仲間は巻貝類では珍しく、歯舌《しぜつ》をもたない。歯舌は、貝の歯や舌に相当するおろし金に似た食べ物を食べる器官である。そのため、サンゴ類のやわらかい部分をけずりとるなどして寄生生活を送っていると考えられている。

Callanaitis disjecta

- 英名：**Wedding cake venus**
- 分類：マルスダレガイ目マルスダレガイ科
- サイズ：殻長 6cm ／殻高 4.5cm
- 分布：オーストラリア
- 生息域：水深 4 ～ 40m の砂底

06

二枚貝

オーストラリア産の美しいハマグリ類

イジンノユメ

▼異人の夢

（標本＝オーストラリア）

⬆貝殻の後方部からも、板状の脈が立っている様子がわかる。

⬇貝殻の内側

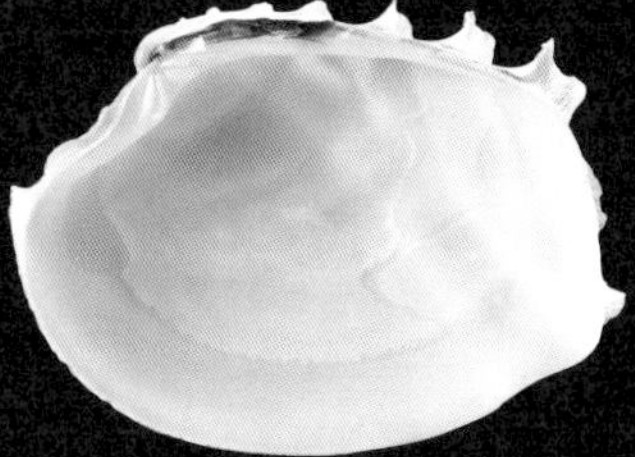

ハマグリの仲間には、なんとも空想的な名前をもつものがいる。日本の紀伊半島から奄美群島にかけて、ユメハマグリという小さな二枚貝が生息するが、その海外産のやや大きなものがイジンノユメである。殻長6センチほどの二枚貝で、オーストラリアを代表する貝殻のひとつ。同心円状にできた成長脈に沿って、板状の輪肋《りんろく》が直立している。

ちなみにユメハマグリ（夢蛤）は、日本貝類学会を創設した黒田徳米《とくべい》博士が命名した貝で、めったに採れない珍しいものである。一方、その海外版の貝ということで「異人」の名がつけられているイジンノユメは、オーストラリアではかなり普通に産する。

Corculum cardissa

- 英名：**True heart cockle**　●分類：マルスダレガイ目ザルガイ科
- サイズ：殻長 2.5cm ／殻高 7.5cm　●分布：奄美群島以南、インドー西太平洋
- 生息域：潮間帯下部～水深 20m のサンゴ礁の砂底や岩盤上

リュウキュウアオイ

褐虫藻と共生しているハート形の貝

▼琉球葵

➡貝殻は、写真のちょうど真ん中で左右の殻に分かれている。（標本＝フィリピン）

⬆左殻から見た写真。通常の二枚貝は、この方向から撮影されている。

⬆殻頂から見た貝殻

ハート形に見える貝として人気があるリュウキュウアオイ。普通の二枚貝が左右から押しつぶされたようにして平らなのに対して、リュウキュウアオイは前後に押しつぶされたような形をしているため、ハート形に見える。海底に横たわるようにして暮らし、貝殻の色は白色のほか、褐色～淡黄色などもある。縁に沿って、トゲが並ぶ。

リュウキュウアオイは「褐《かっ》虫藻《ちゅうそう》」と呼ばれる微小な単細胞藻類と共生していることでも知られている。褐虫藻は、外套膜《がいとうまく》や貝殻の中で光を浴びて光合成をして暮らし、リュウキュウアオイの本体は、その褐虫藻が生み出した有機物を栄養にする。

Cyrtopleura costata

- 英名：Angel wing
- 分類：オオノガイ目ニオガイ科
- サイズ：殻長 12cm ／殻高 4 cm
- 分布：マサチューセッツ州〜西インド諸島
- 生息域：潮間帯の砂泥底

二枚貝

08

泥にもぐりこむ幻想的な名前の貝

テンシノツバサ

▼天使の翼

CHECK!

トゲ状の放射肋

ニオガイ科の貝は、この殻の前方にあるトゲ状になった部分をやすりのように使って、底質を掘る。

⬇生きているときはこの写真とは上下が逆向きで、硬い泥底にもぐっている。（標本＝アメリカ、フロリダ州）

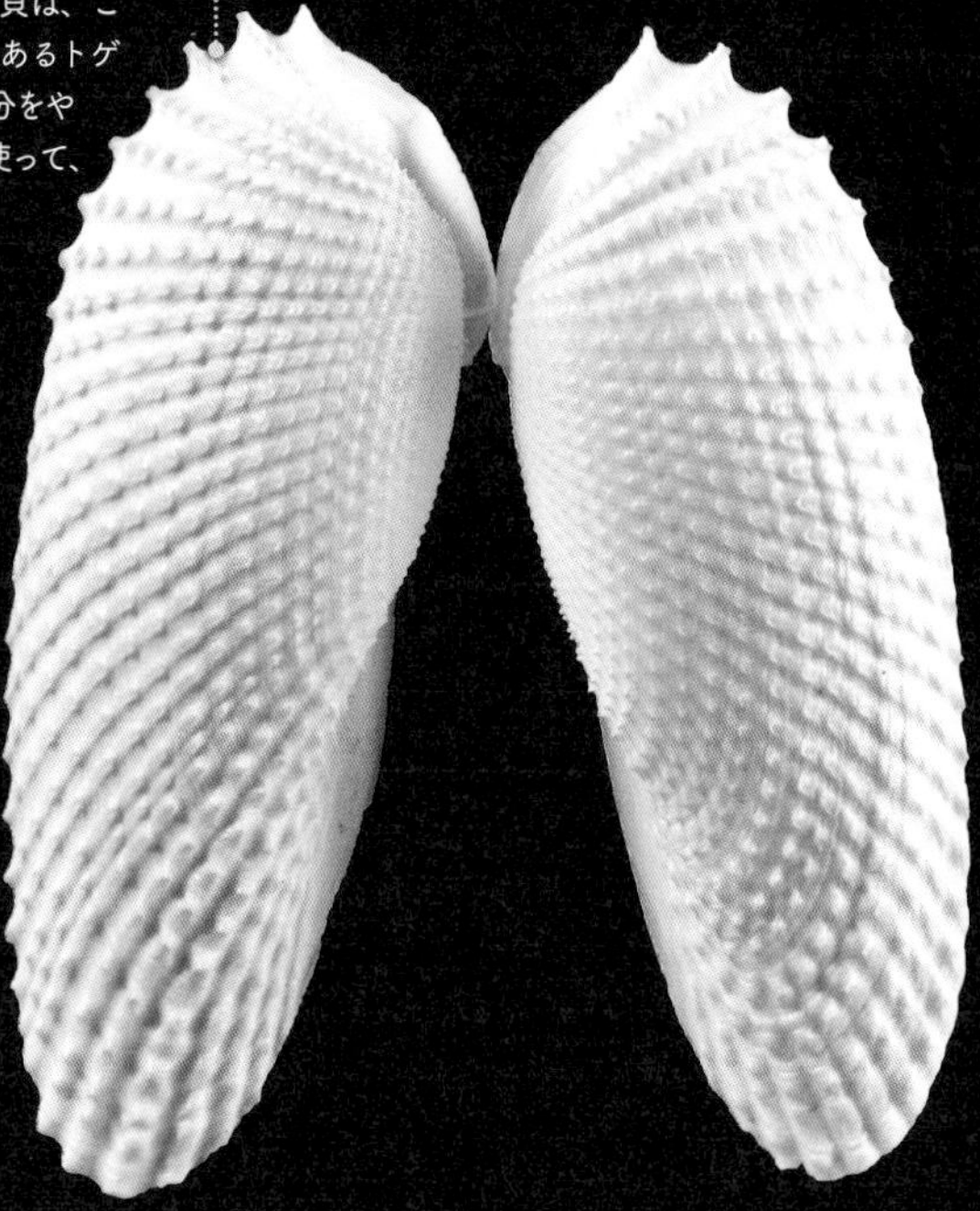

変わった形をした貝殻には、変わった名前がつけられることもよくある。テンシノツバサはアメリカ東部のマサチューセッツから西インド諸島、ブラジルにかけて産する二枚貝で、殻を2枚並べると天使の翼に見えることからその名がつけられている。和名は、その直訳。

　生きているときは潮間帯の砂泥底に穴を掘ってくらしている。1メートル近くもぐることもある。前縁の鱗片《りんぺん》状にギザギザしている放射肋《ほうしゃろく》があるおかげで、硬い海底に穴を掘ることができる。西太平洋からオーストラリアにかけて生息する「ペガサスノツバサ」は、テンシノツバサよりも後縁側の彫刻が浅い近縁種。

ヴィジュアル特集②

美しいタカラガイ

タカラガイは貝類収集家の中で最も人気の高い貝類のひとつ。世界・日本の三大名宝（56～57ページ）と、日本の海で見つかるタカラガイ類（102～104）では紹介しきれなかった美しいものをここで紹介する。

ナンヨウダカラ
Callistocypraea aurantium
●殻高 10cm／殻径 7.5cm
●沖縄以南、西～中部太平洋
●良品は稀少で高価。「コガネダカラ」とも呼ばれる。

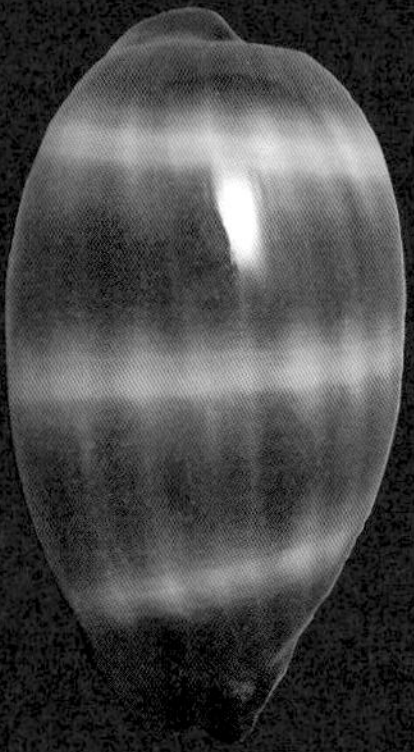

⬆ タルダカラ
Talparia talpa
●殻高 9cm／殻径 4cm ●伊豆半島以南、インド－太平洋
●殻は紡錘形で淡黄褐色の地に４本の褐色帯が入る。

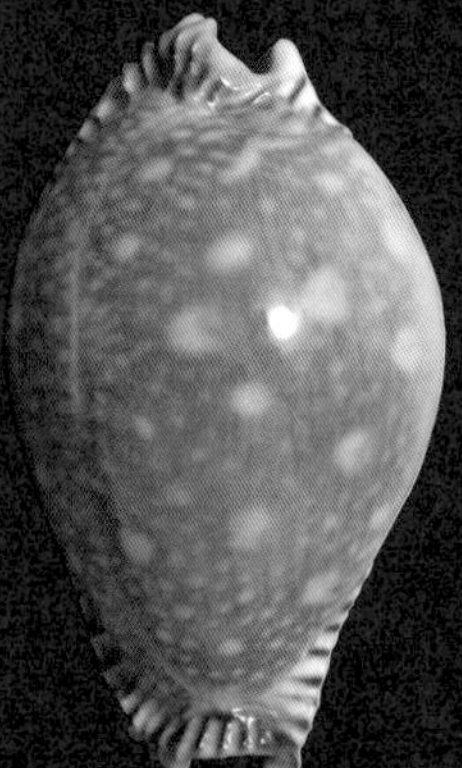

⬅ クロユリダカラ
Perisserosa guttata
●殻高 7cm／殻径 4cm
●紀伊半島以南、東南アジア、オーストラリア東部 ●茶褐色の地に白斑が散らばる。稀少なタカラガイ。

カノコダカラ
Cribrarula cribraria
●殻高 3cm／殻径 1.5cm ●房総半島以南、熱帯インド－西太平洋
●茶褐色の地に白斑が散らばる。

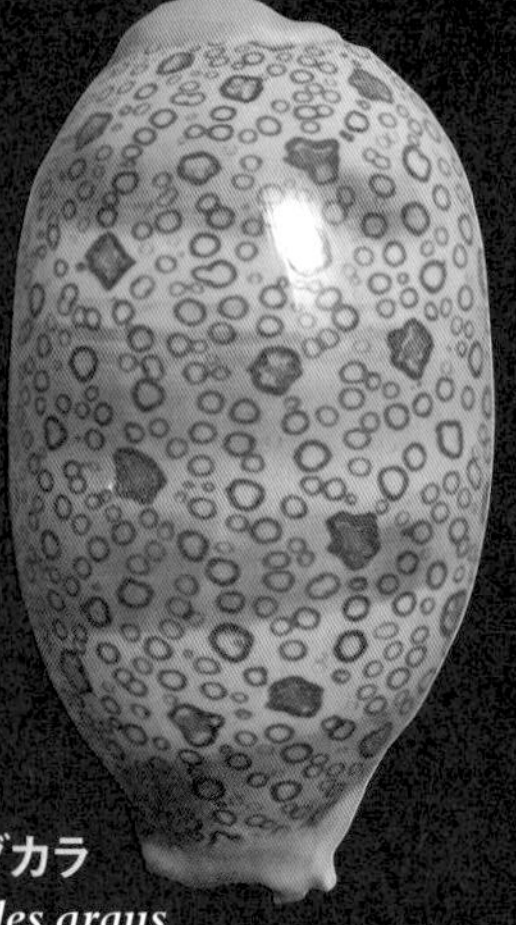

ジャノメダカラ
Arestorides argus
●殻高 9cm／殻径 3cm ●四国・八丈島以南、インド－西太平洋 ●細長い円筒形の殻に、蛇の目状の模様ができる。

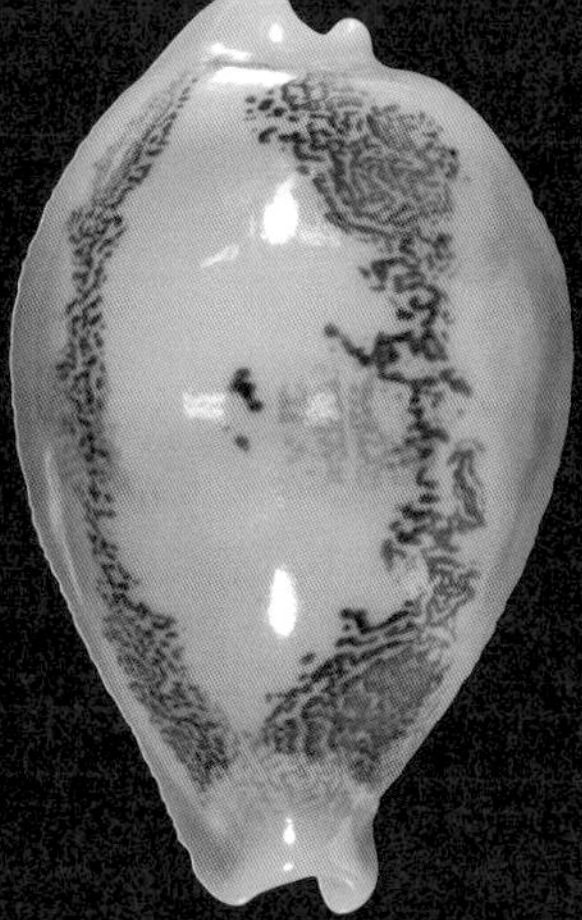

スミナガシダカラ
Palmadusta diluculum
●殻高 2 ～ 3cm ●西インド洋 ●背面には墨を流したような模様ができる。

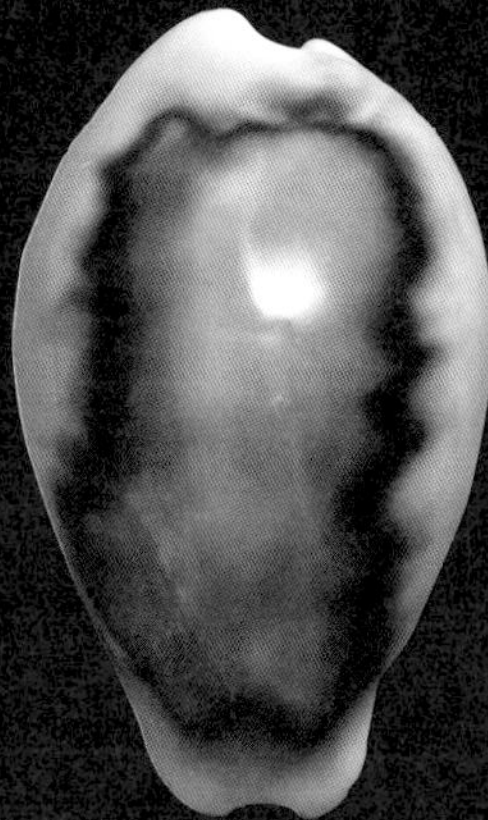

クリダカラ
Neobernaya spadicea
●殻高 5.5cm ／殻径 3.5cm ●カリフォルニア～メキシコ中部 ●背面は黒色にふちどられた栗色がひろがる。

サクライダカラ
Austrasiatica sakuraii
●殻高 5cm ●伊豆大島～南シナ海、フィリピン ●背面に不規則な褐色斑紋が広がる。鉱物・貝類学者の櫻井欽一にちなんで名づけられた。

➡ アジロダカラ
Palmadusta ziczac
●殻高 2cm ／殻径 1.2cm ●房総半島以南、インド－西太平洋 ●背面に「く」の字形のジグザグ模様が入る。

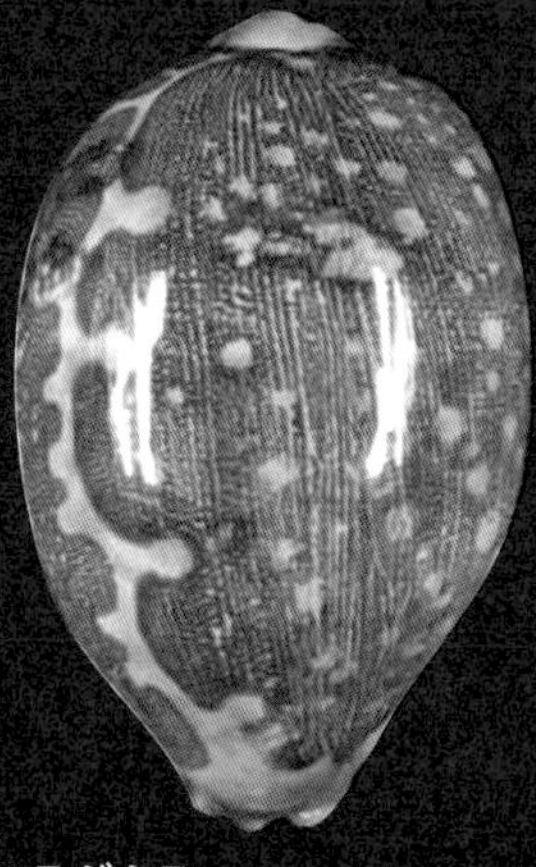

ハラダカラ
Leporicypraea mappa
●殻高 9cm ／殻径 5.5cm ●紀伊半島・八丈島以南、インド－西太平洋 ●背面に枝分かれした運河状の模様ができる。

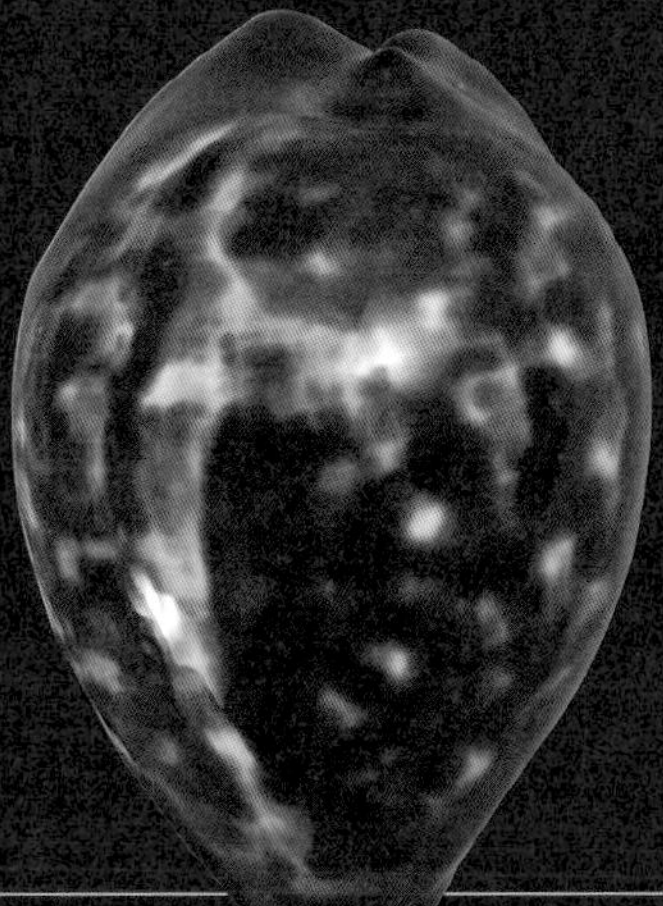

ベッコウダカラ
Zolia decipiens
●殻高 6cm ●オーストラリア北西部 ●殻はベッコウ色で、著しくふくれる。オーストラリア南部に産するクロガネダカラを縮めたような形をしている。

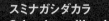

↓生のままでも、調理しても美味しいマガキ

いかだを使用したカキ養殖の様子。こうすることにより、貝は干潮の影響を受けずにたえず海水に浸かっているので、プランクトンを摂取できる。

栄養満点の「海のミルク」
形が美しくない貝

不思議といえば不思議だが、食用貝とされる貝には美しいものが少ない。美醜は個人の価値観に基づくものではあるけれど、コレクターが収集する類《たぐ》いの食用貝というものも、聞いたことはないだろう。

しかし、縄文時代の貝塚を見るまでもなく、食用貝ほど古くから日本のみならず世界中で重宝されてきた貝もない。そのひとつがカキ（牡蠣）である。貝殻は着生する場所や波の具合により形が変わるほどで、不美人きわまりない。一方、タウリンをはじめとする栄養素が豊富で「海のミルク」と呼ばれるほどだ。また、養殖された貝類の中でも、カキは最も歴史が古い。日本でのカキ養殖は17世紀前半に広島で始まったとされており、大正12年から、現在のように、いかだから垂れ下げる方法が採られている。

日本で流通する養殖カキの中で最も親しまれているのは大型のマガキだろう。旬の12月ごろはグリコーゲン量が最も多くなり風味も増す。また、イワガキの旬は夏季なので「夏ガキ」と呼ばれることもある。フランスでもカキは人気だが、こちらは殻が浅いヨーロッパヒラガキで、日本のマガキも養殖されている。

PART 3

形が奇妙な貝殻

貝類の中には、貝とは思えないような奇怪な貝殻や、なぜそのようなに形になったのか想像もつかない不思議な貝殻が存在する。美しさと表裏一体の魅力を持つ貝殻を、いくつか紹介する。

Xenophora pallidula ●英名：**Carrier shell**　●分類：新生腹足目クマサカガイ科 ●サイズ：殻高 6cm ／殻径 8cm　●分布：東北地方以南 ●生息域：水深 50 ～ 150m の泥底	巻貝　01

貝殻を背負った〝貝類学者〟

クマサカガイ

▼熊坂貝

CHECK!

放射状に運ぶ貝殻

貝殻はひとつずつ間隔をあけて放射状にくっつき、二枚貝は内側が上を向くことが多い。

クマサカガイ科の貝には、貝殻やサンゴのかけら、小石などを殻表につけるユニークな種が多くいる。理由は、殻を補強するためだとか、海底で擬態して身を隠すためだとかいわれているが、定かではない。その姿は、道具を背負った平安時代末期の盗賊「熊《くま》坂長範《さかちょうはん》」に由来するという。

この仲間は、種類によって生息場所が異なるので、つけているものも違う。英語では、クマサカガイなどのもっぱら死んだ貝殻ばかりつけるものを「コンコロジスト（貝類学者）」と呼び、小石をつけることが多いコゲクマサカガイやシワクマサカガイを「ミネラロジスト（鉱物学者）」としゃれて呼ぶこともある。

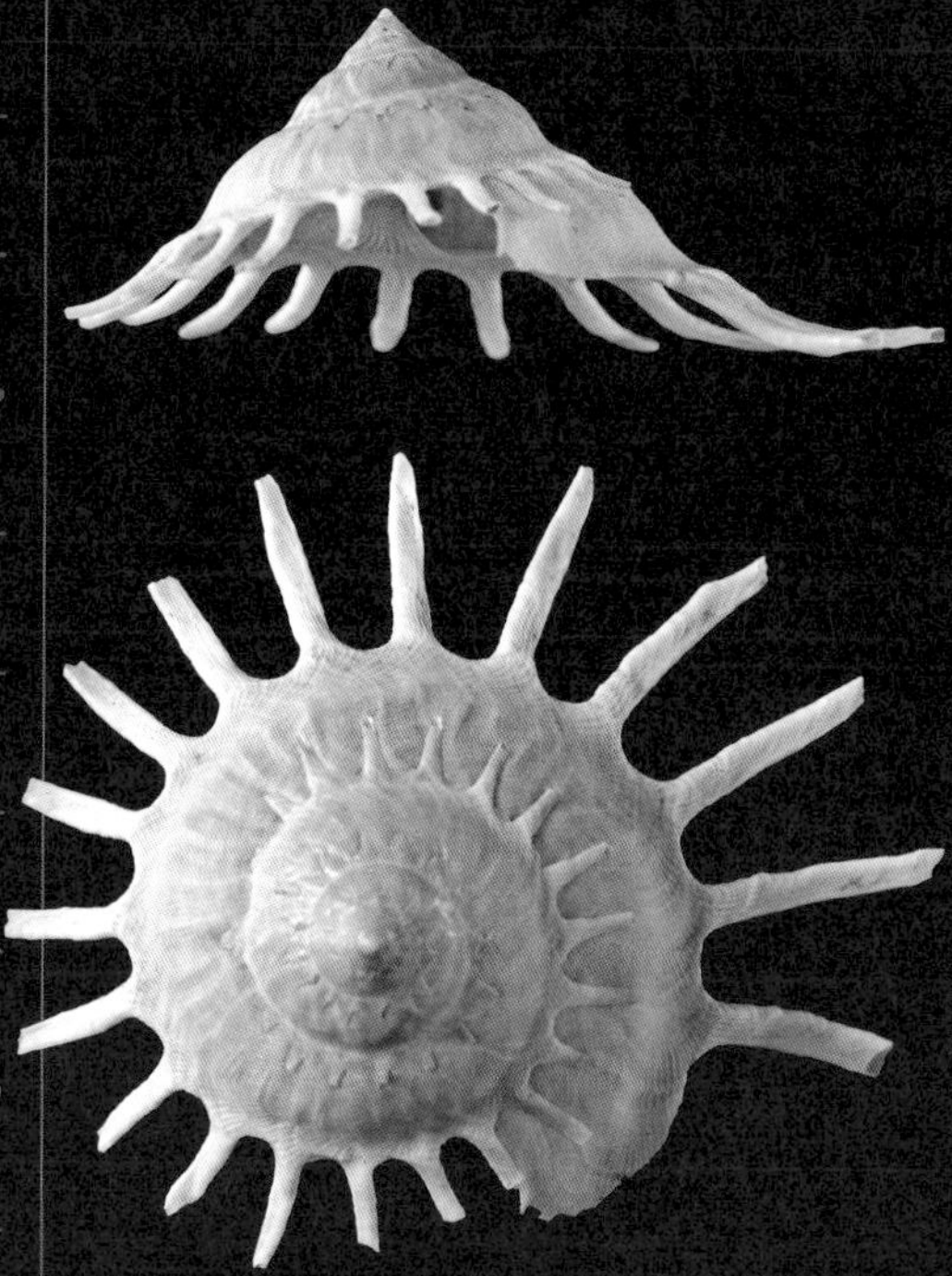

カジトリグルマガイ
Stellaria solaris

殻高 5cm、トゲを含まない殻径は 10cm ほど。台湾以南のインド－西太平洋に分布する。トゲ状突起が日輪状に並列する。トゲは薄く、欠けやすい。

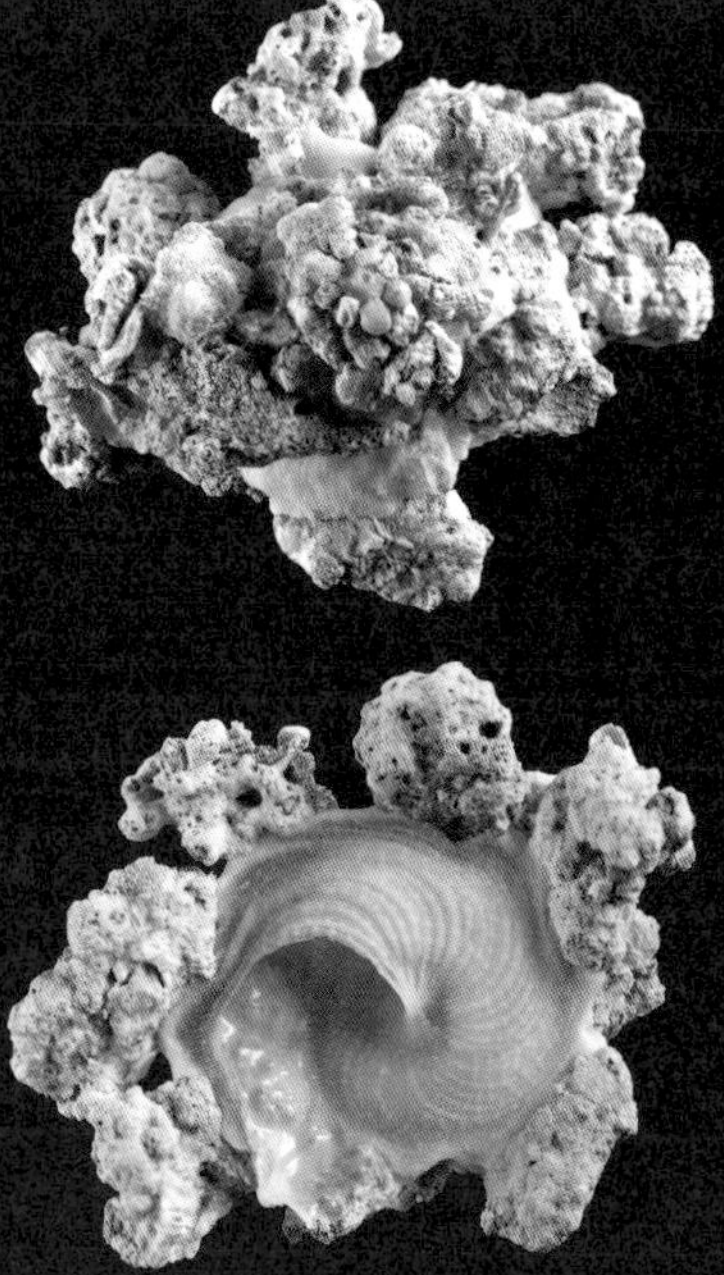

シワクマサカガイ
Xenophora cerea

殻高 4cm、殻径 6cm ほどで本州中部以南に分布する。石灰藻におおわれた小石をつけ、クマサカガイのように貝殻をつけることはほとんどない。殻表が茶色いものは「コゲクマサカガイ」と呼ばれる。（標本＝フィリピン、ミンダナオ島）

クマサカガイの仲間の多くは、底面の色や彫刻、臍孔《へそあな》の開き方で見分けることができる。たとえばクマサカガイは、底面が白～淡黄色で、狭い臍孔は滑層《かっそう》がおおっている。

一方、だれでも判別しやすいクマサカガイの仲間もいる。殻をほとんど背負わないキヌガサガイやカジトリクルマガイである。特にカジトリクルマガイは台湾以南の太平洋・インド洋に分布する貝で、トゲが放射状に伸びていて美しい。殻は低い円錐形で、そのトゲは海底で殻を安定させるためのものかもしれない。

カジトリクルマガイはやや少産で、トゲが欠けていない貝殻はコレクターに珍重されている。

Murex pecten

- 英名：Venus comb
- 分類：新生腹足目アッキガイ科
- サイズ：殻高 15cm
- 分布：房総半島以南
- 生息域：水深 10 〜 50m の砂底

02
巻貝

魚の骨に似た貝殻

ホネガイ

▼骨貝

⬆トゲは、120 度ごとにできる縦張肋の上に生じる。

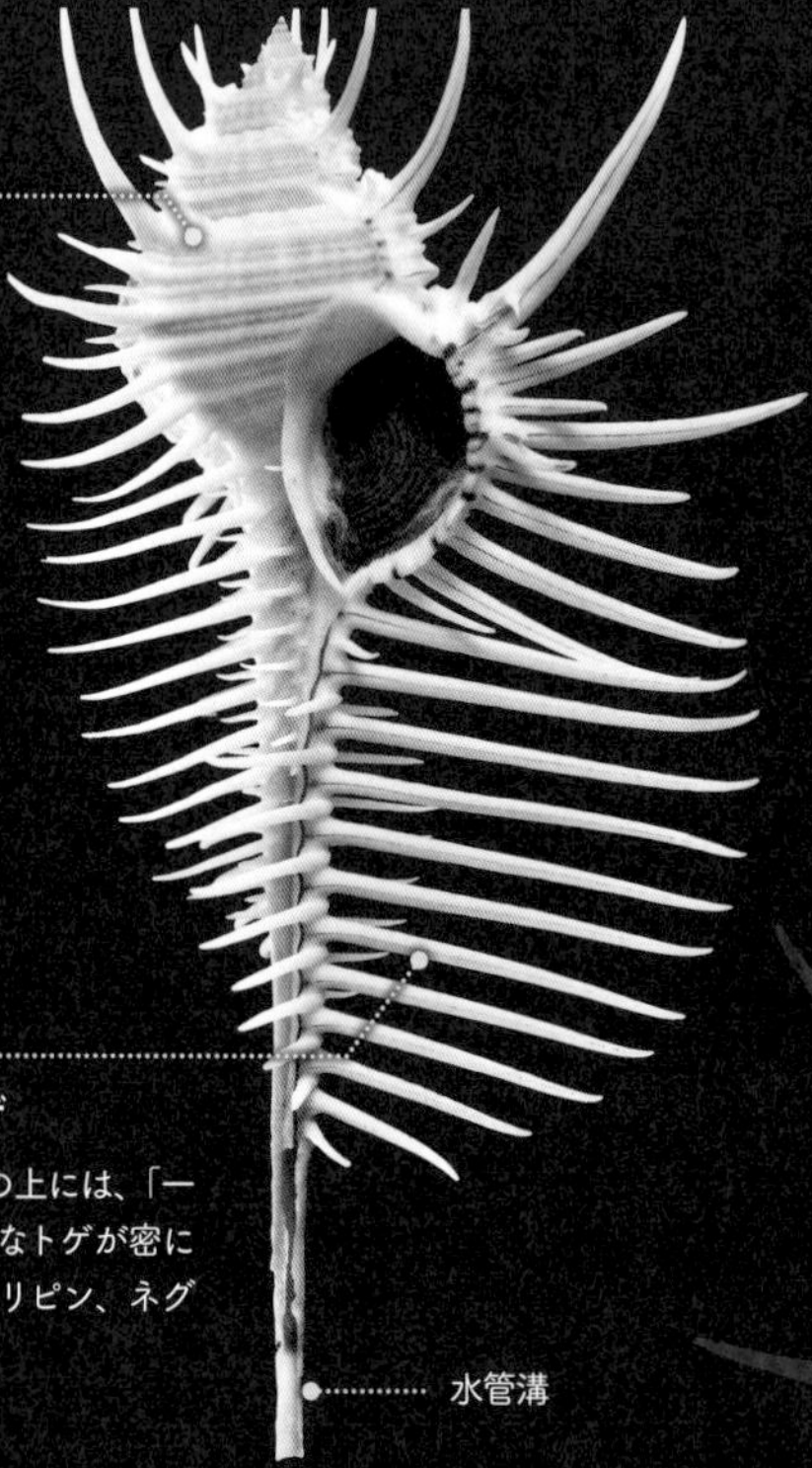

CHECK!

10 本前後のトゲ

ホネガイの水管溝の上には、「一次トゲ」という大きなトゲが密に並ぶ。（標本＝フィリピン、ネグロス島）

最も奇怪な形をした貝殻といえば、このアッキガイ科に属するホネガイのものだろう。英語では、「ヴィーナスの櫛《くし》」と呼ばれて美しいイメージがある一方で、色が白く、長い水管溝に間隔の狭いトゲが櫛のように10本前後も並ぶので、魚の骨のようでもある。

科の名前を代表する「アッキガイ」の和名は「悪鬼」に由来して、和歌山県ではアッキガイやホネガイを戸口に吊るして魔除けとすることもあるという。アッキガイはホネガイに比べて水管溝上のトゲがまばらで、螺肋《らろく》上に褐色帯があることで区別できる。もし浜辺にあったら踏みつけたくはない貝殻だが、トゲがきれいなものは人気がある。

Pitar lupanaria

●英名：**Prostitute venus**　●分類：マルスダレガイ目マルスダレガイ科
●サイズ：殻長 5cm　●分布：メキシコ西岸〜ペルー
●生息域：潮間帯〜水深 3m の岩礁

二枚貝　03

マボロシハマグリ

トゲが突き出た奇怪な二枚貝

▼幻蛤

➡マボロシハマグリは同心円状に輪脈が発達して、光沢も強い。（標本＝コスタリカ）

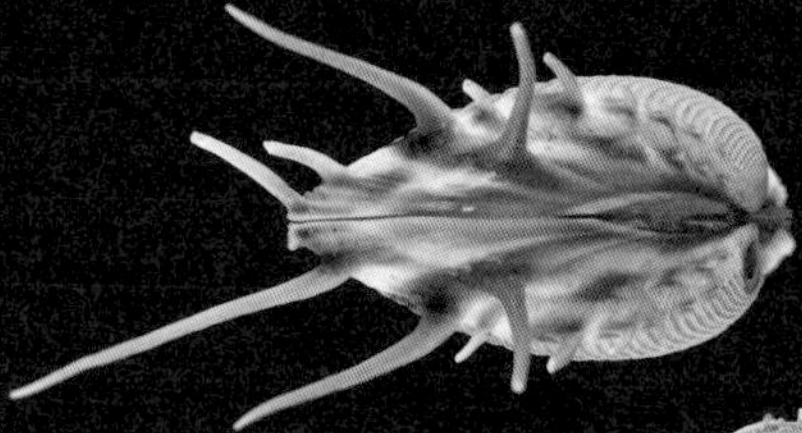

⬅後背側の稜に、トゲはほぼ平行して生えている。

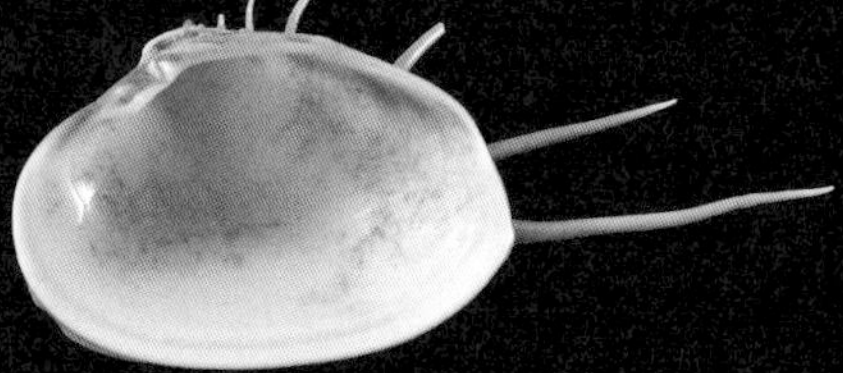

➡殻の内側は、いたって普通

マボロシリュウグウボタルやマボロシイモなどと「幻」の字があてられた貝の名前を聞くと、よほど稀少な貝なのかと思うかもしれない。しかし、マボロシハマグリは食用にもされるハマグリの仲間で、メキシコのカリフォルニア湾からペルーにかけて生息し、現地では普通に見つかる貝である。

ただ、その姿を見てもわかるように、二枚貝としてはかなり奇怪な形をしていて、貝殻の後方に向かって水管上に鋭いトゲが伸びている。トゲは折れやすいため、完全な標本は珍しい。このトゲは水管を保護し、フグなどの捕食者から身を守るのに役立っていると考えられているようだ。

Spondylus regius

●英名：**Regal thorny oyster**　●分類：イタヤガイ目ウミギク科
●サイズ：殻長・殻高 10cm　●分布：紀伊半島以南、熱帯西太平洋
●生息域：水深 5 ～ 50m の岩礫底

04

二枚貝

中国の伝説の妖怪に由来する

ショウジョウガイ

▼猩々貝

CHECK!

放射肋上のトゲ

ショウジョウガイは右殻の殻頂部分を岩に固着させて成長する。発達したトゲはまばらに生じ、折れやすい。（標本＝フィリピン、ボホール島）

ショウジョウガイはウミギク科の貝のひとつで、殻には長いトゲの列がある。ショウジョウといえばオランウータンにその字があてられることもあるが、元来は中国の想像上の妖怪「猩々《しょうじょう》」をさす言葉だという。猩々は酒を好み、長い赤毛におおわれた人間のような生き物である。能の演目としても有名で、ショウジョウガイはその姿に由来する。

太くて長いトゲが6本前後、放射肋上に伸び、その間にも小さなトゲが見られる。トゲの色は本体と同じ赤橙色で、白っぽくなる場合もある。やはりトゲの折れていない標本は珍重されることもあり、コレクターが必ず求める貝のひとつでもある。

巻貝

05

Lambis lambis

●英名：Common spider conch　●分類：新生腹足目ソデボラ科
●サイズ：殻高 17cm　●分布：紀伊半島以南、熱帯インド－西太平洋
●生息域：サンゴ礁の間の砂地

クモに似たトゲをもつ クモガイ

▼蜘蛛貝

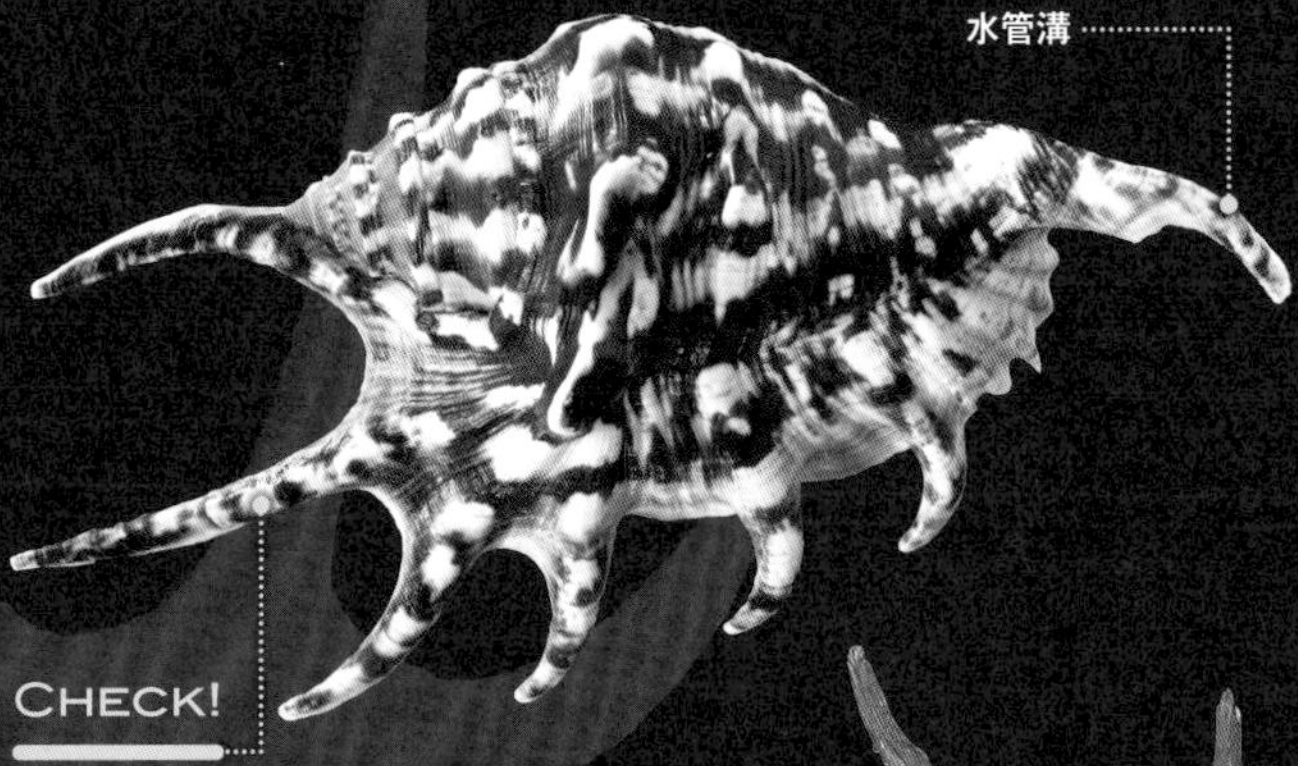

CHECK!

6本のトゲ

殻口外唇のまわりには6本のトゲが突き出ている。写真の右側に見えるのは、トゲではなく水管溝(標本＝フィリピン、スリガオ)

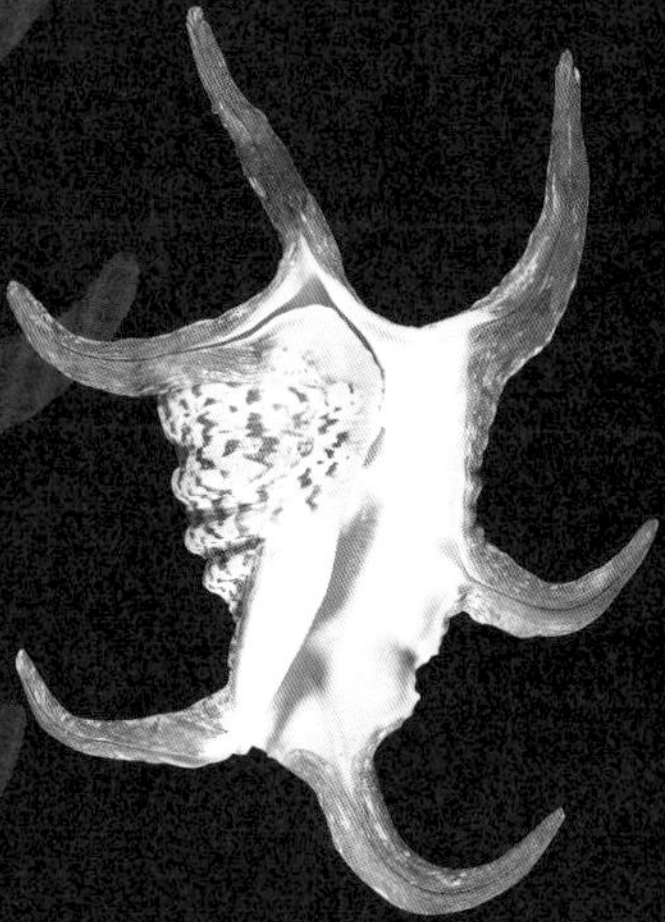

➡ スイジガイ
Harpago chiragra

殻高 24cm ほどの大型種で、紀伊半島以南の熱帯インド－西太平洋に生息する。殻は霜降り模様で、節くれだっている。

クモガイはその名の通り、節足動物のクモに似た貝殻をもち、一度見たら忘れることのできない形をしている。ソデボラ科の仲間は、サソリガイやムカデガイなど奇怪な名前をもつ貝が多く、姿も想像しやすいかもしれない。

クモガイは殻口外唇《かくこうがいしん》のまわりに6本のトゲが発達し、水管溝はややねじれて7本めのトゲに見える。クモといえば8本の足をもつはずであるが、7本でもクモの雰囲気は充分に伝わる。

また、近縁のスイジガイと呼ばれる貝は、奇妙に曲がったトゲが6本ある。その形から「水字貝」といって、奄美地方では火難除けのお守りにされることもあるという。

Siratus alabaster

●英名：Alabaster murex　●分類：新生腹足目アッキガイ科
●サイズ：殻高 15cm　●分布：四国以南、台湾、フィリピン
●生息域：水深 50 ～ 200m の砂礫底

巻貝　06

「バショウの葉」を思わせる白い貝殻

ガンゼキバショウ

▼岩石芭蕉

➡肩部のトゲと縦張肋上のひれが発達する（標本＝フィリピン、カモテス海）

⬆縦張肋は、120 度ごとにある。

ガンゼキバショウは、典型的なアッキガイ科の貝らしく、鋭いトゲが伸び、その間にひれ状の縦張肋《じゅうちょうろく》が発達している。ひれは薄く、欠けやすい。奇妙な形をした貝殻であるが、高い螺塔《らとう》と長い水管溝を備え、学名の「アラバスター（雪花《せっか》石膏《せっこう》）」が、その様子を端的に表すように、白くて美しい貝でもある。

また、水深100メートル前後の深い海に生息することから、かつての日本では、「標本がひとつしかない」とされたほど稀少な貝殻であった。しかし、フィリピンの貝標本が流通するようになって、たいていのコレクターは持つことができるようになったものである。

Jenneria pustulata

●英名：Jenner's cowrie　●分類：新生腹足目マツワリダカラガイ科
●サイズ：殻高 1.5 〜 2.5cm　●分布：太平洋（カリフォルニア湾〜ペルーなど）
●生息域：潮間帯のサンゴ礁

07

巻貝

まるで毒キノコのような貝殻

キノコダマ

▼茸玉

⬆殻口側は、内外の両唇歯が強く刻まれている。（標本＝メキシコ、ハリスコ州）

⬅毒々しい姿のキノコダマ。アニメ映画『風の谷のナウシカ』に登場する王蟲（おうむ）に似る。

いかにも毒々しいこぶをもつこの貝殻は、タカラガイに似ているが、シラタマガイやウミウサギに近いマツワリダカラの仲間とされる。小さな貝殻で、灰色〜褐色の表面には、濃い縁取りのある橙赤色のこぶが、無数に散らばる。

キノコダマは太平洋の東はカリフォルニアからペルーにかけて、西はハワイからガラパゴス諸島にかけて分布する。夜に活動し、十数個の群れになってイシサンゴ類を食べる。その勢いはサンゴを食害することで有名なオニヒトデにも劣らないという。殻をおおう外套膜の間からこのこぶが見えるので、有毒生物のように思われるかもしれないが、毒性は報告されていない。

Tenagodus cumingii

●英名：**Cuming's worm shell**　●分類：新生腹足目ミミズガイ科
●サイズ：殻高 7cm　●分布：房総半島以南、熱帯西太平洋
●生息域：水深 200m までの浅海底

ヘビのようにうねった貝殻

ミミズガイ

▼蚯蚓貝

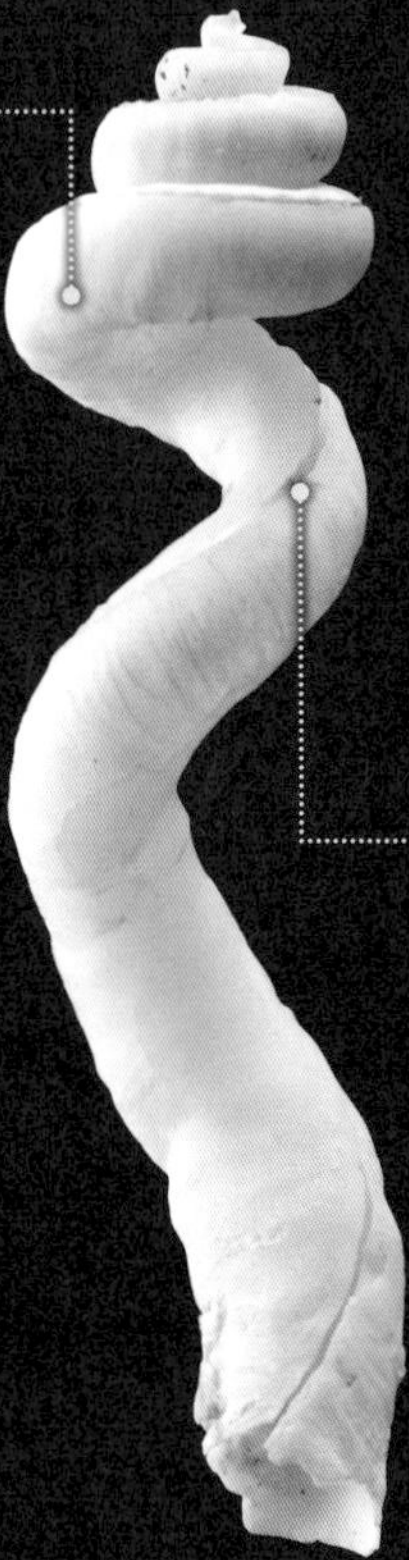

CHECK!

ほどけた螺層

ミミズガイの貝殻は、螺塔付近の巻きは規則的で、成長するにしたがい、しだいにほどけていく。（標本＝フィリピン、ボホール島）

コケミミズ

Tenagodus anguinus

5cm ほどの大きさで、ミミズガイよりは螺管は細く、螺肋上にトゲが並ぶ。（標本＝フィリピン、パンラオ島）

大半の巻貝の貝殻は、規則的な螺旋《らせん》を描いて成長するものだが、例外もある。その代表的なものが、気味の悪い形状をしたミミズガイ科の貝殻である。ミミズガイは中型の貝で、最初の螺層《らそう》は規則的に巻いており、次第に巻きが太くゆるやかになって、ほどけた形をしている。生きているときは海綿の中に埋もれて暮らし、浮遊する微生物を濾《こ》しとって食べている。近縁のコケミミズは房総半島・能登半島以南に見つかり、螺肋《らろく》のトゲが目立つ。

ちなみに日本の海辺で貝殻がよく見つかるオオヘビガイはムカデガイ科の貝で、岩などにはりついて暮らす。ミミズガイとは別の科で殻も硬い。

09

二枚貝

ハマユウ

▼浜木綿

二枚貝に見えない二枚貝

Stirpulina ramosa

- 英名：**Ramose watering pot**
- サイズ：管の長さ 11cm
- 生息域：水深 50 ～ 200m の砂礫底
- 分類：異靭帯目ハマユウ科
- 分布：房総半島・富山湾～台湾

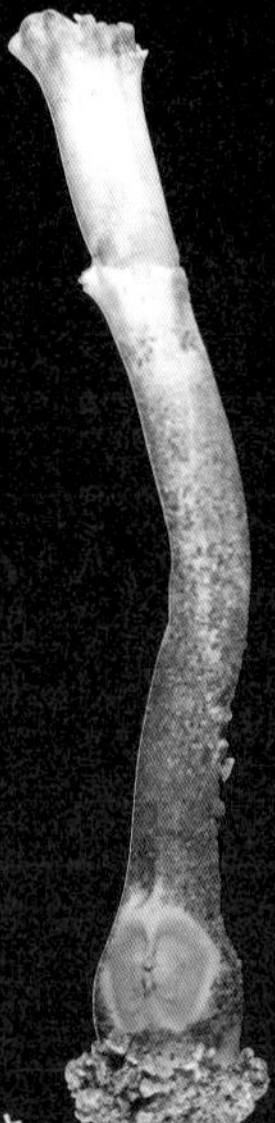

ツツガキ

Nipponoclava gigantea

房総半島～九州に生息する。ハマユウガイよりも大型で、石灰管の長さは 25cm ほどにもなる。貝そのものの殻長は 3cm ほど。後端はアサガオ状に開く。ハマユウ科と近縁のツツガキ科。

←砂粒や貝殻が付着している石灰管。生きているときは、この中に水管が伸びている。

とても貝とは思えない形をした二枚貝を最初に挙げるとすれば、まずハマユウ科の貝をおいて他にないだろう。筒状の部分は本来の貝殻ではなく、二次的な石灰質の管で、本当の貝殻はまるで木の根のように見える先端部分にはりついている小さなもの。最初のうちは二枚貝らしい姿をしているが、成長とともに砂底にまっすぐ深く潜りこみ、貝殻とは別の管が作られる。

ちなみにハマユウとは、ヒガンバナ科に属する多年草の植物の名前で、先端に数枚の細くて白い花が咲く。ハマユウの枝分かれした先端部分を、ハマユウの葉の付け根にあたる茎（偽茎）に見立てて名づけられた。

Cavolinia tridentata

●英名：**Three-toothed cavoline**　●分類：真後鰓目カメガイ科
●サイズ：殻長 2cm ぐらい　●分布：全世界の温・熱帯水域
●生息域：浮遊

巻貝　10

亀甲形の殻をもつ翼足類

カメガイ

▼亀貝

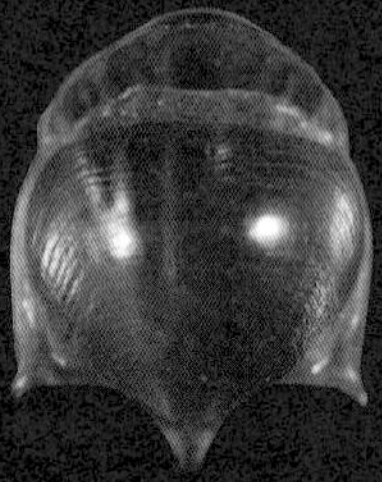

⬆ クリイロカメガイ
Cavolinia uncinata

殻は 1cm ほどで突起が鋭く、カメガイより丸みを帯びる。（標本＝福岡県福間町）

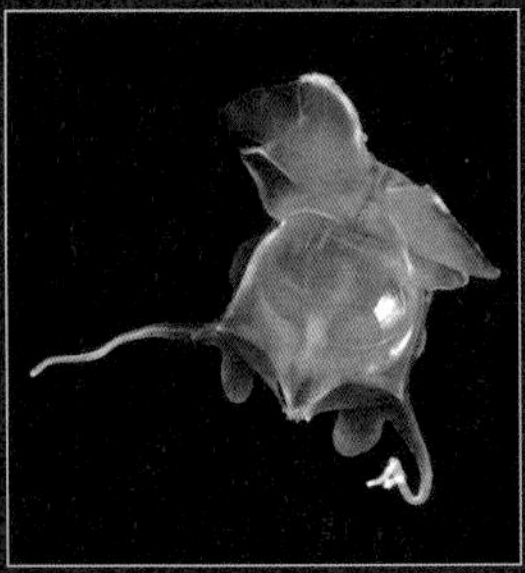

⬆足を打ち振るって泳ぐクリイロカメガイ

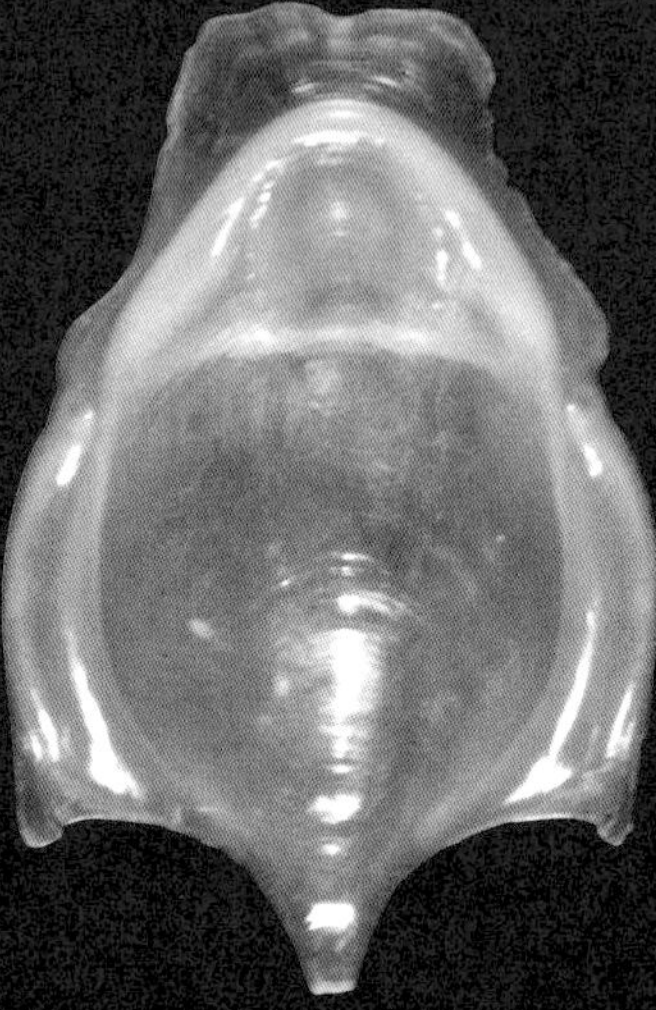

⬆⬇飴色をしたカメガイの殻

「カメガイ」というと、「クリオネ」とも呼ばれるハダカカメガイを思い浮かべるかもしれないが、少し異なる。ハダカカメガイが殻を持たないのに対して、このカメガイは亀甲形をした2センチに満たないほどの小さな貝殻を持つ。

カメガイ科の仲間は、すべて浮遊性で、足をチョウの羽のように打ち振るって泳ぐことから、ハダカカメガイとともに「翼足《よくそく》類」と呼ばれる。

カメガイはインド洋〜太平洋に広く分布し、嵐の後などに海岸に打ち上がることがある。生きているときは、自分の体よりも数十倍も大きい粘液状のかたまりを分泌して、クモの巣のように広げて餌《えさ》をとらえる。

11
イカ・タコ

トグロコウイカ

浮沈をコントロールする螺旋状の貝殻

▼蜷局甲烏賊

Spirula spirula

● 英名：Common spirula　● 分類：トグロコウイカ目トグロコウイカ科
● サイズ：外套長 3 ～ 4cm ／殻の直径 2.5 cm　● 分布：全世界の熱帯中層域
※貝殻は西日本の沿岸に漂着することがある。

CHECK!

仕切りのある管

トグロコウイカの殻は、ほかのイカ類と異なり管状に巻く。内部にある液体を調節することで浮力を調整する。（標本＝南オーストラリア州コーニポイント）

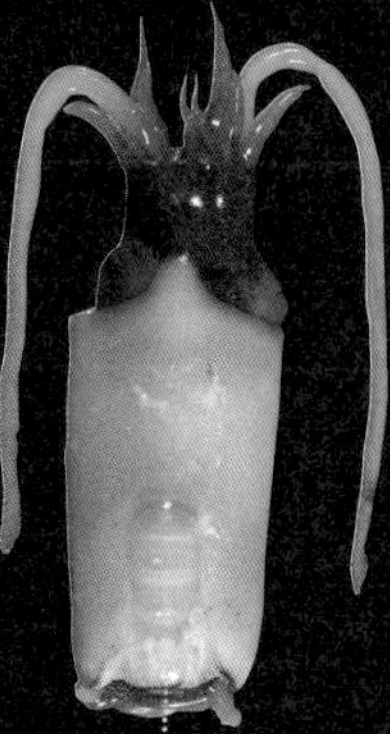

←トグロコウイカの標本。3～4cm の小さなイカで、外套膜の後端には発光器がある。殻が浮力をもつため、海中では頭を下方に向けているらしい。

貝殻だけを見ると、いったいどんな貝の殻なのかと思われるかもしれない。これはトグロコウイカと呼ばれるイカの外套膜《がいとうまく》の後部に包まれている殻である。

内側に仕切りがあり、一見すると奇妙な形をしている。そもそもコウイカ類（甲烏賊）がもつ「甲《こう》」は貝殻で、コウイカの仲間は袋状の外套膜の中に石灰質の貝殻をもつ。

イカ類は、貝類が重い貝殻を「背負う」のに対して、重かったはずの貝殻を「浮き」に変えてしまった。トグロコウイカが死ぬと、この貝殻は海岸に漂着する。石灰質のコウイカ類の貝殻が堆積して化石となったものに「海泡石」という鉱物がある。

COLUMN

➡オトヒメハマグリ科のシロウリガイは、殻長16cmほどの二枚貝。学名が記載されたのは1957年で、その28年後に生態が判明することになった。（写真＝JAMSTEC）

⬅足に硫化鉄でコーティングされたウロコをもつウロコフネタマガイ。英語では「スケーリーフット」とも呼ばれる。殻高3cmほどの巻貝。（写真＝JAMSTEC）

極限環境に生きる奇妙な貝たち

深海に暮らす貝

「地球最後のフロンティア」である深海探査が進んでいる。その歴史の中で画期的な出来事が起きたのは、１９７７年。それまで死《し》に殻《がら》が採集されていただけで生態は謎だった生きたシロウリガイが、初めて人類によって目撃されることになった。

　アメリカの潜水調査船「アルヴィン」はガラパゴス諸島沖、水深２６００メートルの海底で、熱水が湧き出す周辺にガラパゴスシロウリガイをはじめ、深海ではありえないほど多様かつ大量の生物群を発見した。その後、太陽の光が届かない世界で多くの生物が生息していたのは、これらの生物が熱水、すなわち温泉に似た硫化水素やメタンから、有機物を化学合成する細菌と共生しているためだと判明。まさに地球内部のエネルギーを食べる生き物たちである。

　その後、数多の深海生物が発見されるわけだが、中でも最も奇妙な深海の巻貝といえば、２００１年にインド洋の熱水噴出孔で発見されたウロコフネタマガイだろう。足の側面が硫化鉄でおおわれたウロコにおおわれているという驚くべき巻貝である。深海には、まだ知られざる未知の貝が潜んでいるのだろう。

PART 4
稀少で高価な貝殻

一般的に貝殻の「価値」は文化的に生み出されるものであり、その美しさとはほとんど無関係である。一方、貝殻の「価格」は、その光沢の有無やサイズのほか、稀少性で決まる。本章では、歴史的に見ても稀少で高価とされてきた貝殻を紹介する。

Entemnotrochus rumphii

●英名：**Rumphiu's slit shell**　●分類：古腹足目オキナエビス科
●サイズ：殻高 15cm ／殻径 25cm　●分布：鳥島沖、高知～奄美群島、台湾、インドネシア
●生息域：水深 50 ～ 250m の粗砂底

巻貝

01

長い切れ込みがある巨大巻貝

リュウグウオキナエビス

▼龍宮翁戎

CHECK!

長い切れ込み

湾入部の切れ込みは呼吸や排泄のためのすき間だ。本種の場合、その長さは体層の半周にもおよぶ。

⬆リュウグウオキナエビスの標本。深海にすむため、稀少で入手しにくい高価な貝殻のひとつである。

リュウグウオキナエビスは七福神のえびす様がどっしりと腰を降ろしたような幅広の円錐形の殻をもち、体層には深く長い切れ込みがある。螺《ら》塔《とう》の上方は布目状である。殻表全体に、焔《ほむら》のような赤色の模様が螺旋《らせん》に沿ってめぐる。

オキナエビス類は5億年前にさかのぼる古い系統の貝で、かつては「生きている化石」として知られていた。一般的に水深100メートルよりも深い海底にすむので、目にする機会が少なく珍しい。その稀少さゆえにかつては標本も少なく、1964年に台湾で本種が再発見されたとき、現在の価値で300万円近くもの値がつけられたほどである。いまでも大型で状態のよいも

ベニオキナエビス

Perotrochus hirasei

紀伊半島から沖縄、台湾、フィリピンに分布し、水深 150 ～ 300m の岩礁底に生息する。殻高 15cm、殻径 10cm ほどに成長する。

➡４円切手には、ベニオキナエビスが描かれていた。2002年に発売は中止された。

➡ テラマチオキナエビス

Bayerotrochus africanus teramachii

三重県の志摩半島からフィリピンまで分布し、水深 80 ～ 500m ほどの砂底に生息する。殻の全体が濃淡のある橙赤色におおわれ、螺層はふくれる。

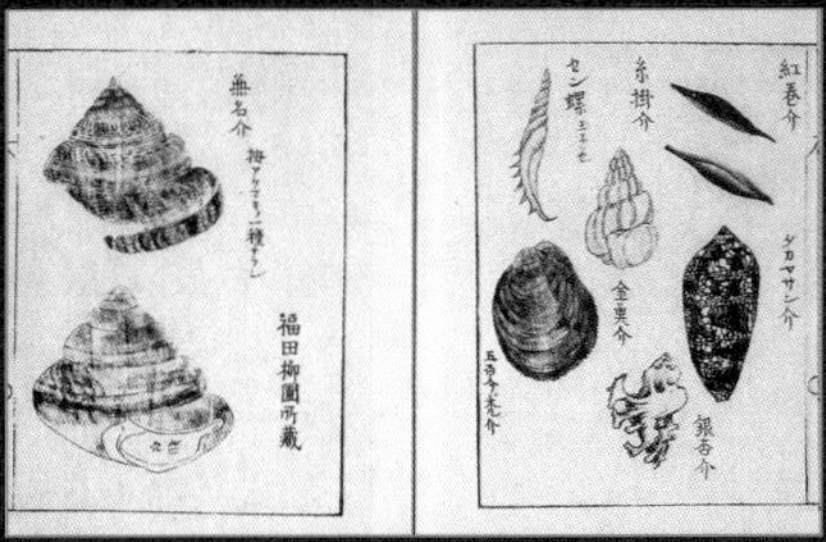

⬅木村蒹葭堂『奇貝図譜』に描かれた貝。左頁の上に「無名介」とあるのがベニオキナエビスで、現生オキナエビス類を描いた世界最古の図。口縁の切れ込みが正確に描写されてる。（写真＝国立国会図書館）

のはコレクターの間で数十万円以上の値がつくものもあるという。

オキナエビス科の貝は世界中で20種以上が知られる。日本では、4円切手の図案として採用されたことがあるベニオキナエビスのほか、オキナエビスとテラマチオキナエビスが最も広く見られるであろう。いずれも数千円で取り引きされている。

ベニオキナエビスは1802年に、江戸時代の木村蒹葭《けんか》堂《どう》の『奇《き》貝《ばい》図《ず》譜《ふ》』で、すでにその姿が描かれていた。テラマチオキナエビスは、1953年に豊後《ぶんご》水道《すいどう》でこの貝を発見した寺町昭文氏にちなんだ名である。

Leporicypraea valentia

●英名：**Prince cowry**　●分類：新生腹足目タカラガイ科
●サイズ：殻高 8.5cm　●分布：フィリピン〜オーストラリア北部
●生息域：水深 15 〜 80m の岩礁

巻貝

02

タカラガイの「世界三名宝」のひとつ

シンセイダカラ

▼神聖宝

↑←シンセイダカラ。褐色の斑紋が広がり、殻のふくらみは非常に強い。（標本＝フィリピン、ボホール）

２００種以上にのぼるタカラガイ類は、イモガイ類と並んでコレクターに好まれる。古代から貨幣や装飾品として使われるなど人間の生活と深く関わっており、特に大型で稀少なものが高価なものとされる。その代表的な貝殻がシンセイダカラである。

陶器のような質感の殻表には褐色の雲状模様があり、左右には豹《ひょう》のような斑が散る。一説によれば、１９６０年代には世界で６個しかなかったともいわれ、数百万の価値があった。そのころ、フィリピンのある敬虔なキリスト教徒は「よい貝が採集できたなら、教会を建てます」と毎朝神に祈りを捧げていたという。ある日、彼が雇っていた採集人

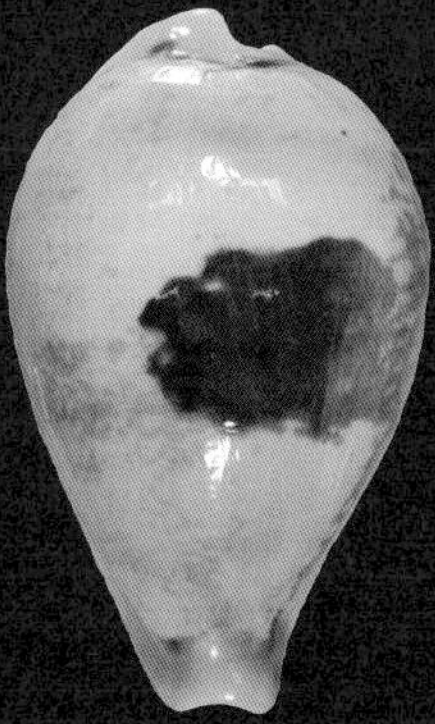

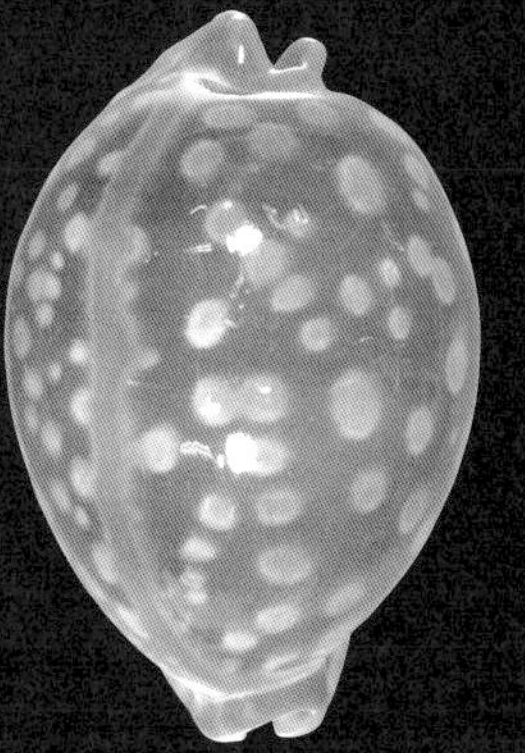

↓ リュウグウダカラ
Bernaya fultoni

南アフリカで、エイ類の胃の中からも採取される。殻高6cmほど。

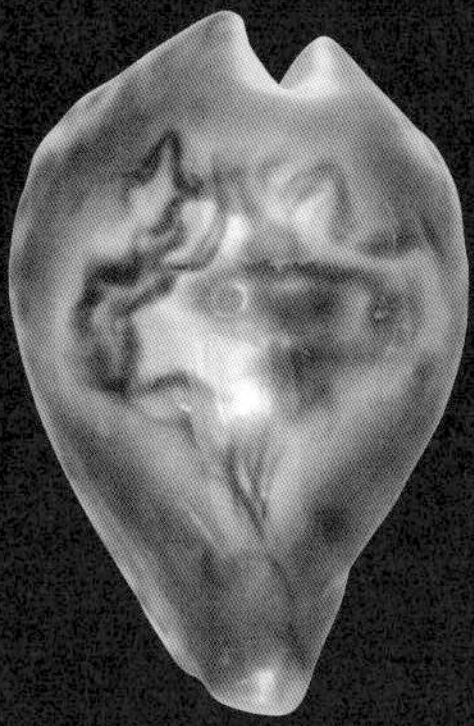

↑ オトメダカラ
Austrasiatica hirasei

紀伊半島以南の西太平洋に分布。殻高6cmほど。背面の中央に大きな暗褐色斑がある。

↑ オオサマダカラ
Lyncina leucodon

フィリピン〜ニューギニアに分布する白い斑紋が美しい稀少な貝。殻高8cmほど。

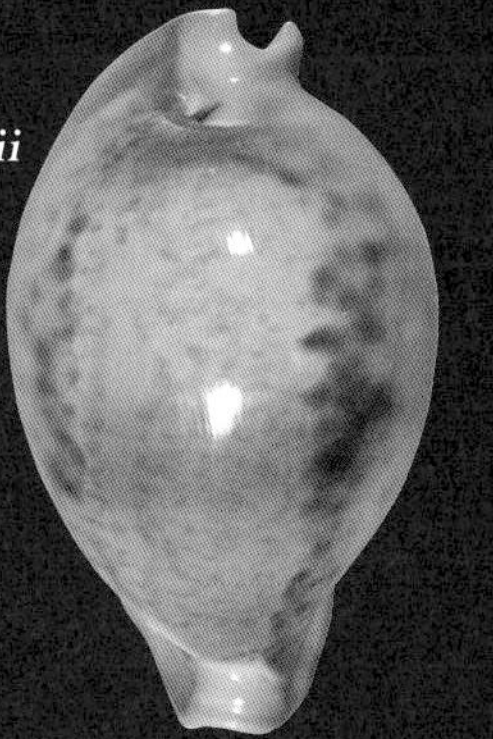

→ テラマチダカラ
Nesiocypraea teramachii

紀伊半島〜フィリピンに分布する。殻高7cmほど。褐色斑が散らばり、側面は橙褐色。

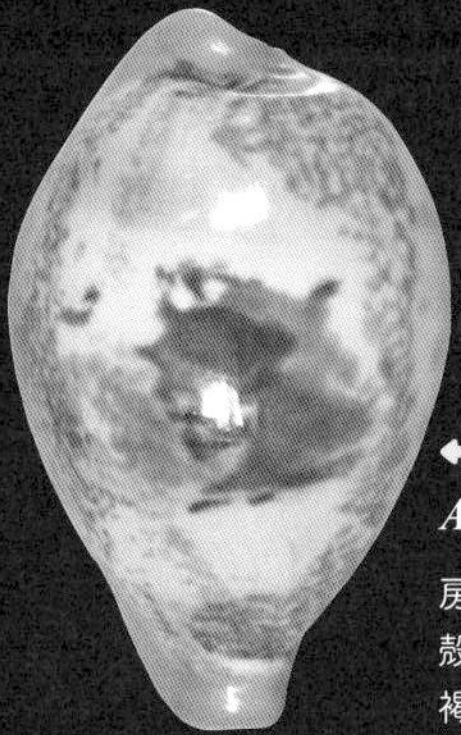

← ニッポンダカラ
Austrasiatica langfordi

房総半島以南の西太平洋に分布。殻高6cmほど。背面に不規則な褐色斑が散らばる。

が運良くこの貝を見つけ、彼は本当に教会を建てることができたという逸話があり、「神聖宝」という和名がついた。

シンセイダカラは、同じく稀少なオオサマダカラ、サラサダカラと合わせて「世界三名宝」と呼ばれる。いずれもかつては１００万円近い価格で取引され、現在もなお美しい貝殻は高額で取り引きされる。一方、「日本三名宝」と呼ばれるのが、オトメダカラ、ニッポンダカラ、テラマチダカラである。いずれも日本近海で見つかるタカラガイで、戦後初めて原色の貝類図鑑を著した吉良哲明氏によって選出された。多くは稀少性に基づく価値であり、美しさとは別の基準によるのだろう。

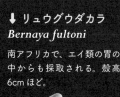

Darioconus gloriamaris

●英名：**Glory of the sea**　●分類：新生腹足目イモガイ科
●サイズ：殻高 8 ～ 12cm　●分布：インド－太平洋
●生息域：浅海からやや深海にかけて稀産、岩礁や砂泥中

03
巻貝

稀少で高価なイモガイの仲間

ウミノサカエ

▼海の栄

➡タガヤサンミナシや左ページのベンガルイモは、ウミノサカエと同じようなテント模様になる。（標本＝フィリピン、マニラ湾）

美しい紋様を持つイモガイ類の中でも、稀少性という点で歴史的に名高いものがウミノサカエである。1877年には、世界に12個しか標本がなかったとされる。

諸説あるが、オランダの大収集家クリス・ワスは1792年、さるオークションに参加して、あらゆる競合者を退けてこのウミノサカエの標本を入手した。しかし、勝者であるはずの彼はその貴重な標本を床に叩きつけると、粉々になるまで踏みつけたのだった。実はすでにウミノサカエを所有していた彼は、これで「全世界に存在する標本は、私が持ったただひとつになった！」と叫んだという話が伝わっている。

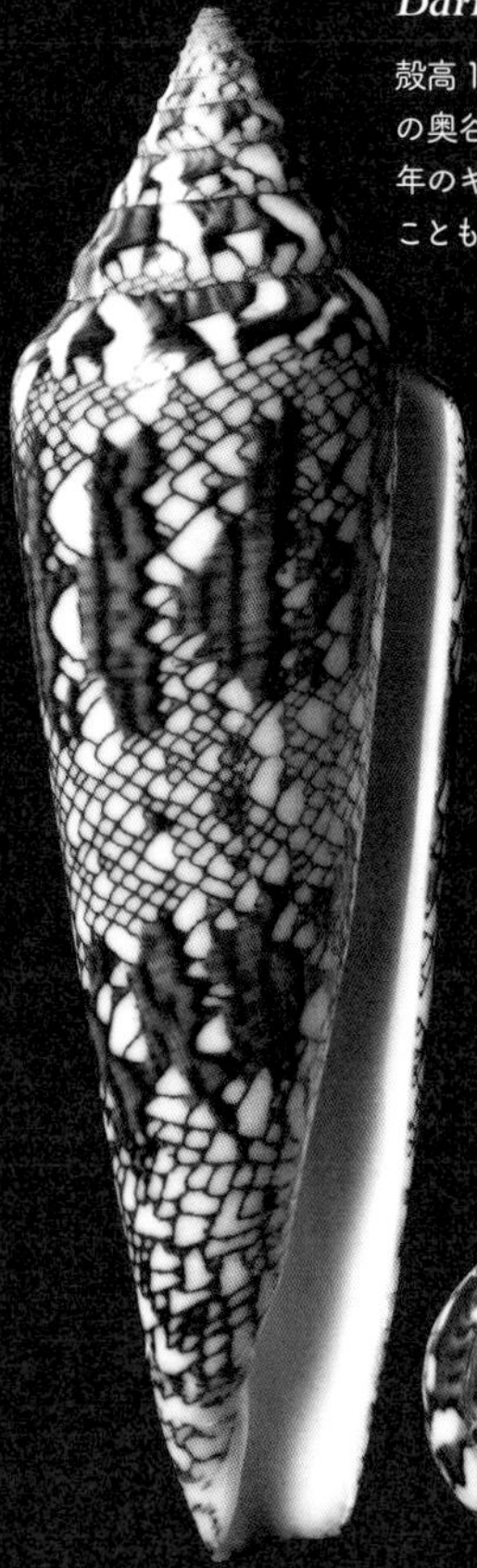

←ベンガルイモ
Darioconus bengalensis

殻高10cmほどで、ベンガル湾に生息する。本書監修者の奥谷喬司博士が1968年に新種として発表し、1970年のギネスブックには「最も高価な貝」として紹介されたこともある。（標本＝タイ）

↑ホウセキミナシ
Stephanoconus cedonulli

カリブ海のセントビンセント島周辺に稀産する。橙赤色の地に白色雲状の斑紋が不規則に散らばる。殻高6cmほど。

ヨーロッパでは、18世紀に巻貝の収集が流行し、ウミノサカエは、オオイトカケ（28ページ）やホウセキミナシ、ゾウクラゲ（64ページ）などとともに稀少貝としてコレクター垂涎《すいぜん》の的だった。ときには数百万円以上の高値で取引されもした。現在では、フィリピン近海などでかなりの数が採集されるようになり、当時ほど稀少性はない。

少し変わった名前であるが、その和名は、英名の「海の栄光」に由来する。網状の繊細で複雑なテント模様は、手の込んだ職人芸のような高級感さえ漂っている。また、模様が似ていて、形がよりスレンダーなものに、ベンガルイモがある。

Tridacna gigas

●英名：**Giant clam**　●分類：マルスダレガイ目シャコガイ科
●サイズ：殻長 150cm ／殻高 60cm　●分布：オーストラリア北部
●生息域：サンゴ礁がある暖かくて浅い沿岸海域

西太平洋を代表する巨大な二枚貝

オオシャコガイ

▼大硨磲貝

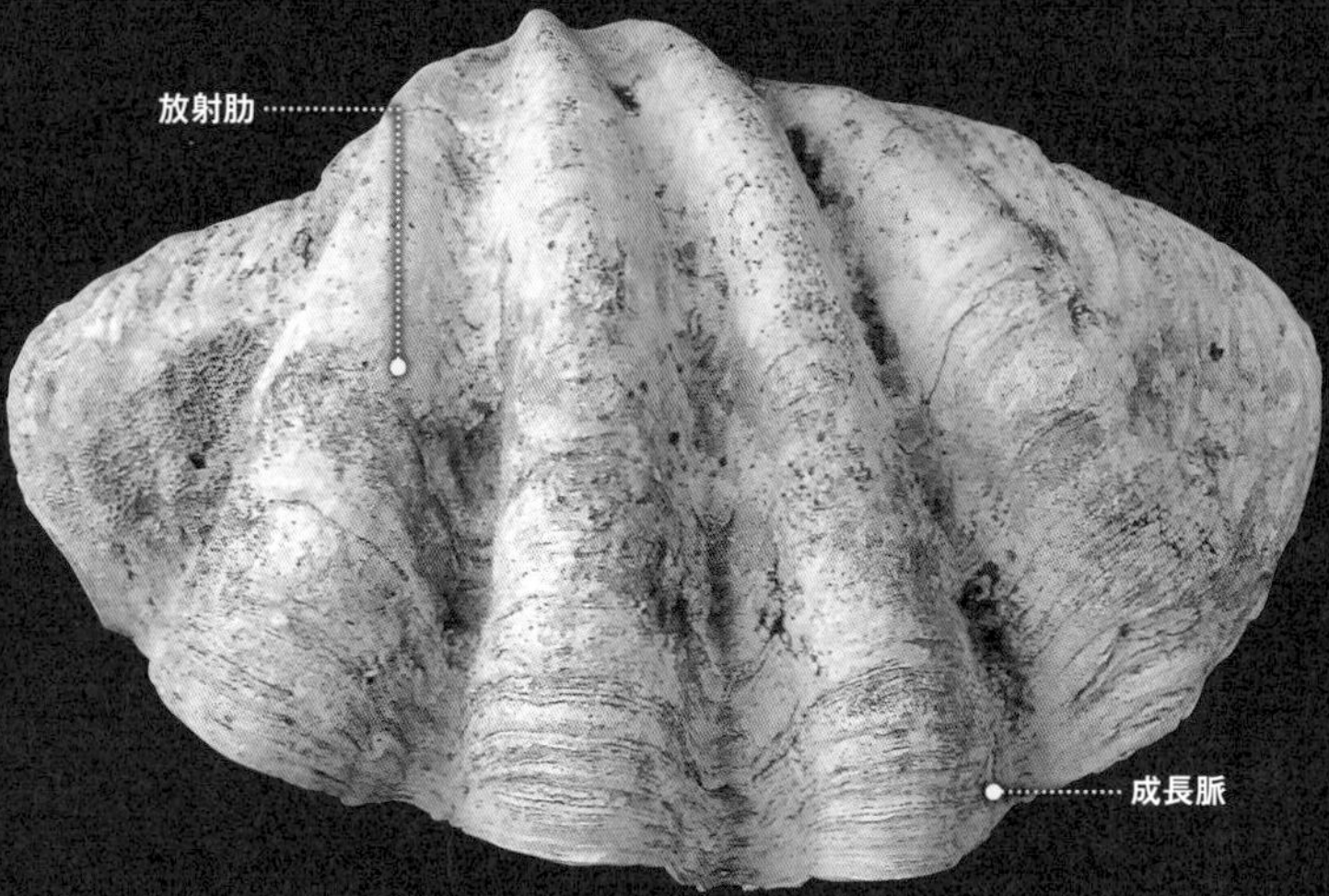

⬆オオシャコガイの標本。放射肋が大きく波打ち、外縁にいくほど成長脈が細かく波打つ。

⬅シャコガイ類は、コバルトブルーの外套膜に褐虫藻が共生している。その助けで、栄養分が少ない海でも巨大化できる。

シャコガイ科の貝は9種ほど知られており、そのすべてはインド―西太平洋に生息する。そのうち最大種のオオシャコガイは熱帯のサンゴ礁で見られ、最大のものでは殻長1・7メートル、重さ300キロに達するものもあるという。若いうちは岩礁に足糸《そくし》で付着し、大きくなると、一度決めたサンゴ礁の砂地や岩のくぼみで、一生をすごす。

生きているオオシャコガイは殻を少し開き、緑や青色の鮮やかな外套膜《がいとうまく》を見せる。これは、外套膜に共生している褐虫藻《かっちゅうそう》という藻類が光合成を行うことで、貝に酸素や栄養分を供給しているからである。そこにうっかり手や足をはさまれると抜けなくなっ

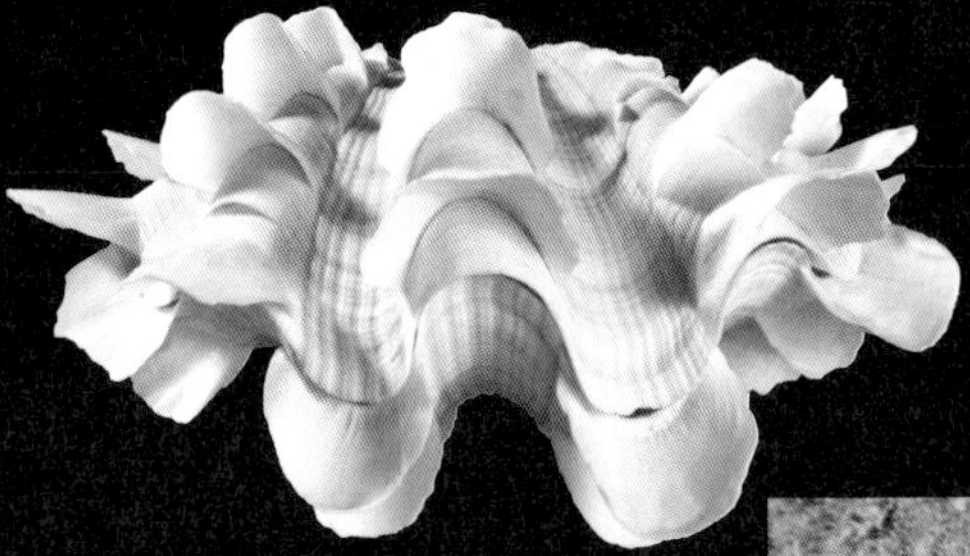

⬅ ヒレシャコガイ
Tridacna squamosa

殻表に丸みを帯びた鱗状突起（ひれ）がよく発達する。殻長30cmほどまで成長する。中型のシャコガイで、インテリアとしても人気がある。（標本＝石垣島）

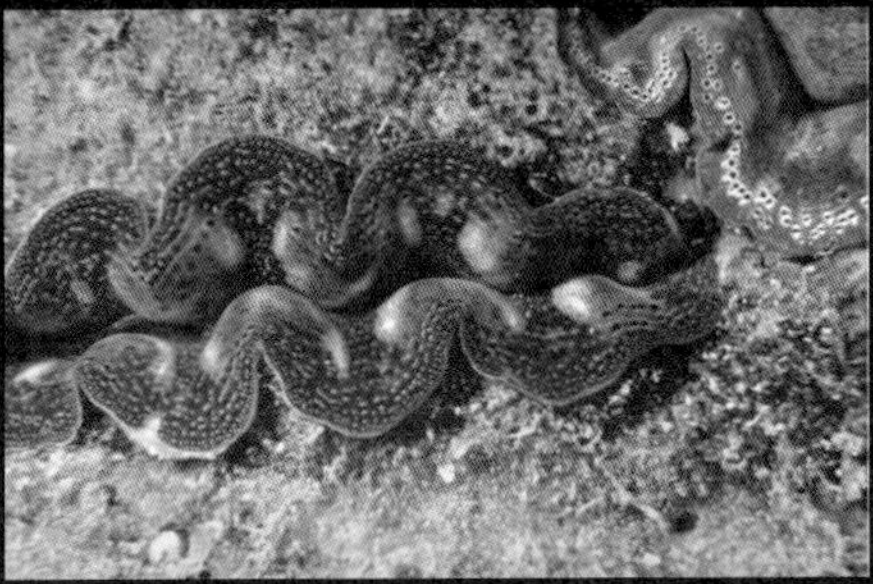

➡ ヒメシャコガイ
Tridacna crocea

殻長は15cmほどになり、殻表は規則的な鱗状突起におおわれる。沖縄では食用にされる。

⬇オオシャコガイの内側

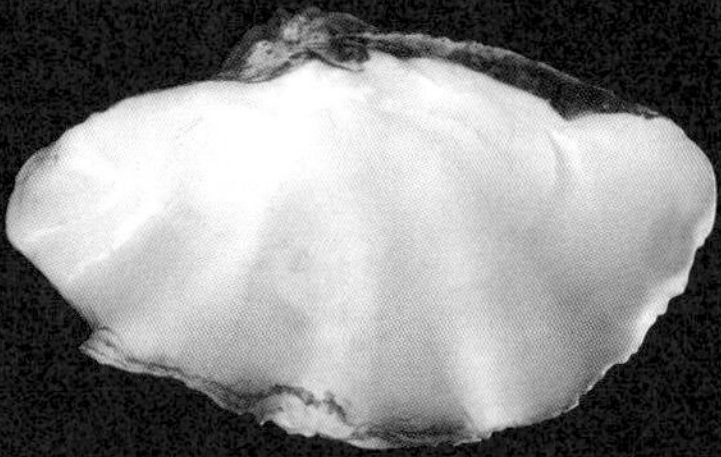

⬅水管から力強く産卵するオオシャコガイ（雌雄同体）。産卵する卵は5億個にものぼり、無事に孵化した幼生は、しばらく海を漂い、固着する場所を探す。

て溺れ死んでしまうという「人食い貝《マンイーター クラム》」の伝説さえあるほどだ。

シャコガイの多くはオセアニアや中国では食用貝として知られ、貝柱の乱獲により、グレートバリアリーフなどではオオシャコガイの数は深刻なほどに減りつつあるという。

また、貝殻は装飾品としても人気で、仏教では金、銀、瑠璃《るり》、玻璃《はり》、サンゴ、瑪瑙《めのう》に並ぶ七宝のひとつとされ、キリスト教の教会では現在でも、聖水盤に用いられることがある。大型で美しいものは数十万円の高値で取り引きされることもあり、現在は、ワシントン条約で輸出入が規制されている。

Argonauta argo

●英名：**Greater argonaut**　●分類：八腕形目カイダコ科
●サイズ：殻長 25 ～ 27cm　●分布：世界の温・熱帯海域
●生息域：海洋の浅い部分で浮遊

アオイガイ

▼葵貝

浮遊するタコがもつ柔らかい貝殻

⬆アオイガイの殻は、第1腕から分泌された石灰分が、舟形の殻に発達したもの。壊れやすく、また、大きなものほど稀少である。（標本＝マダガスカル、フォートドーファン）

殻をふたつ合わせると、葵《あおい》の葉に似ていることから「アオイガイ」と呼ばれ、殻をもったタコの仲間である。動物体をさす場合には殻をもつタコという意味で俗に「カイダコ（貝蛸）」とも呼ばれ、貝殻は「アオイガイ」と呼ばれる。殻が美しくて飾り物として人気があり、繊細で壊れやすくもある。

殻だけを見るとオウムガイ（ノーチラス）のようだが、まったく別のもの。アオイガイを英語で「ペーパー・ノーチラス（紙製のオウムガイ）」ともいうが、これは他人の空似なのである。オウムガイの殻は中に仕切りがあり、アオイガイの殻には仕切りがない。またオウムガイは本物の貝殻

⬅海中を漂うアオイガイ。浮遊するタコは産卵場所がないため、貝殻の中に卵を産みつけて保護する。

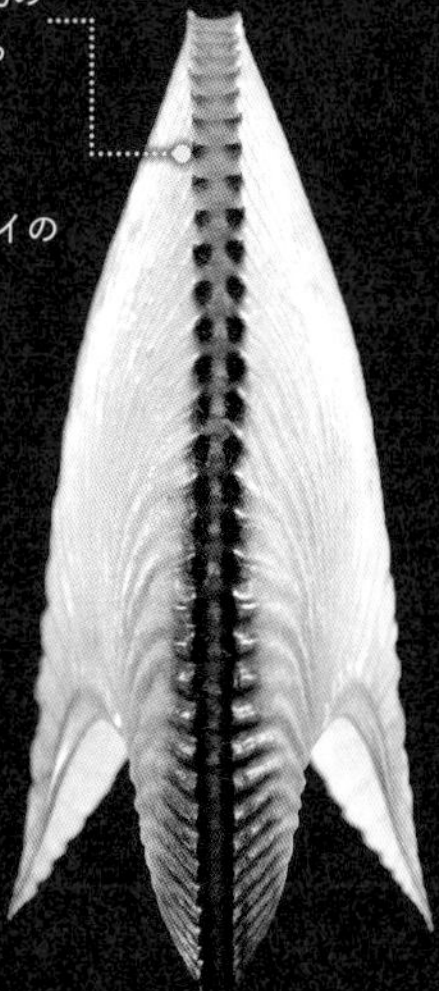

➡アオイガイの殻の腹面

⬆ タコブネ（フネダコ）

Argonauta hians

太平洋・日本海の暖海域を浮遊し、飴色の貝殻をもつ。殻長は10cmほど。放射肋と竜骨との接点が丸みを帯びている。

➡海中を漂うフネダコ。殻だけのほうをタコブネと呼ぶ。

で生まれたときから殻を持ち、殻を離れることができないのに対し、アオイガイは成長してから殻を作るが、殻を作るのは雌《めす》だけである。殻は雌の第1腕が膜状に広がって、卵を保護するために作った、いわば「乳母車《うばぐるま》」ともいえる。一方、殻を持たない雄《おす》は、雌に比べて20分の1ほどの大きさしかない。

同科には、殻の直径10センチほどになるタコブネや、殻の模様がちりめんのように細密なチリメンアオイガイ（オーストラリア産）などがいる。いずれも海底を這い回るマダコやミズダコとは異なり、一生水中をふわふわと浮いて暮らすタコである。

Carinaria cristata

●英名：**Glassy nautilus**　●分類：新生腹足目ゾウクラゲ科
●サイズ：体長 50cm ／殻高 6 〜 7cm　●分布：世界の温・熱帯水域
●生息域：浮遊

06

巻貝

海を泳ぐ半透明の巻貝

ゾウクラゲ

▼象水母

➡モザンビークで採取されたゾウクラゲの貝殻。白色半透明で大きさは3センチ。殻の口に対して竜骨板が低く、殻は後方に反る。（写真提供＝鳥羽水族館）

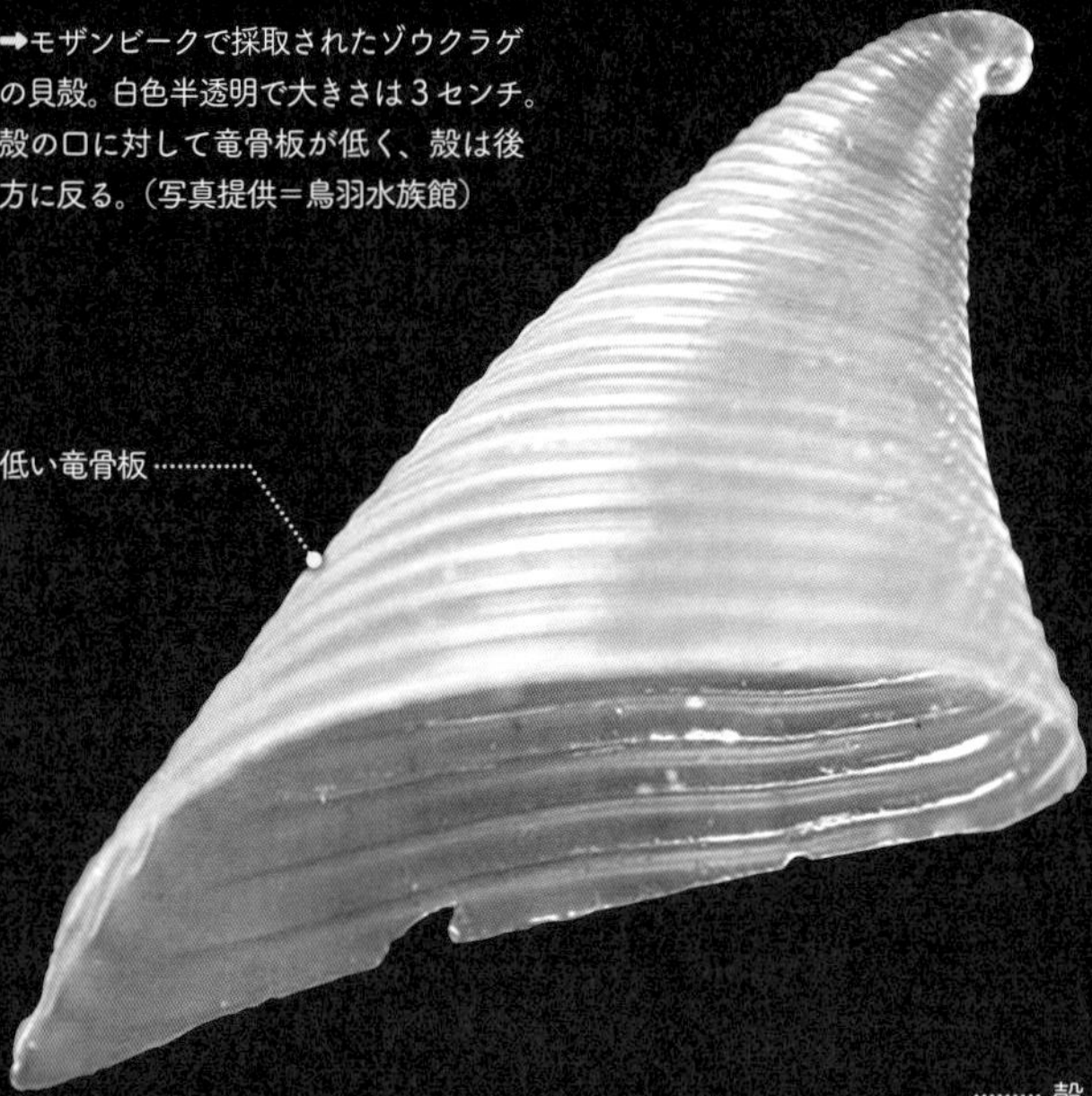

➡ゾウクラゲの生体。腹びれと尾びれは、本来歩くための足が変形したものであるため、この仲間は「異足類」とも呼ばれる。

18世紀の収集家の間で、稀少巻貝とされてきたのがオオイトカケ、ホウセキミナシ、ウミノサカエなどであり、ゾウクラゲもそのひとつであった。半透明の貝殻は、現在も昔と変わらず、きわめて珍しいものだといえよう。

ゾウクラゲはクラゲという名がついているが、クラゲのような刺胞《しほう》動物ではなく、浮遊性の巻貝である。とはいうものの、貝殻が小さすぎて体は収納できない。ゾウクラゲは貝殻を退化させ、かつ体を寒天質にすることで、比重を小さくして浮遊生活に適応した貝のひとつなのである。腹面を上にして、ひれ状になった足を波打たせながら、海中を優雅に泳ぐ姿は幻想的だ。

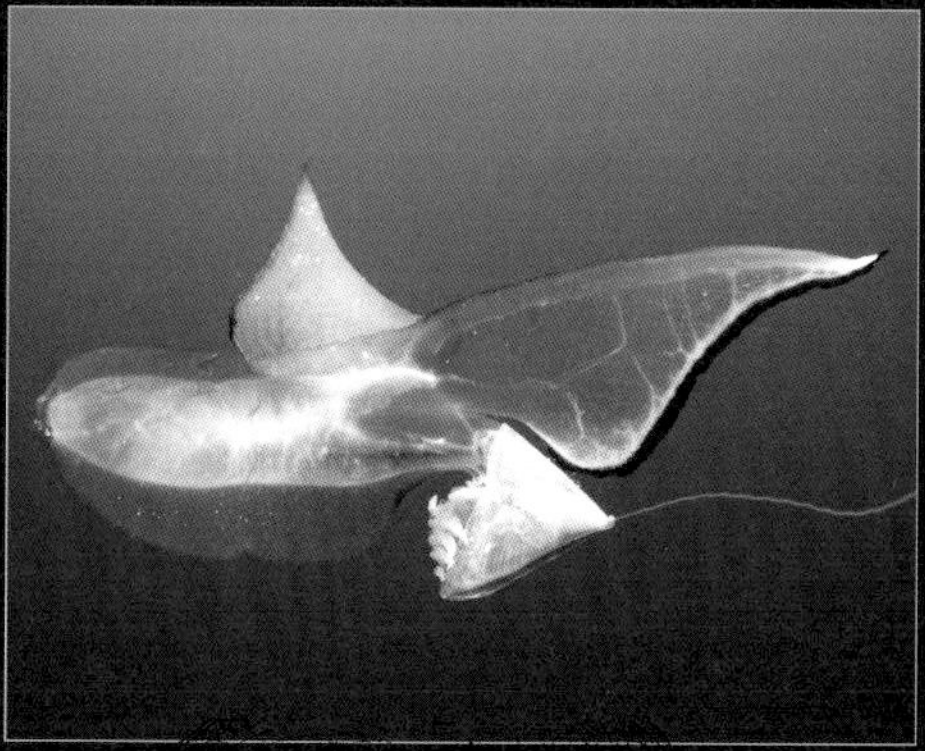

⬆ヒメゾウクラゲ

Carinaria japonica

生時、殻は下側にして仰向けに泳いでいる。体は寒天質で透き通り、体長は 15cm ほどで、ゾウクラゲに比べると、尾部の " ひれ " の背は高い。（この生体写真では、殻が抜け落ちている）

⬇ヒメゾウクラゲの貝殻。ゾウクラゲに比べて竜骨板が高く、殻は後方へ反らず、三角形に近い。

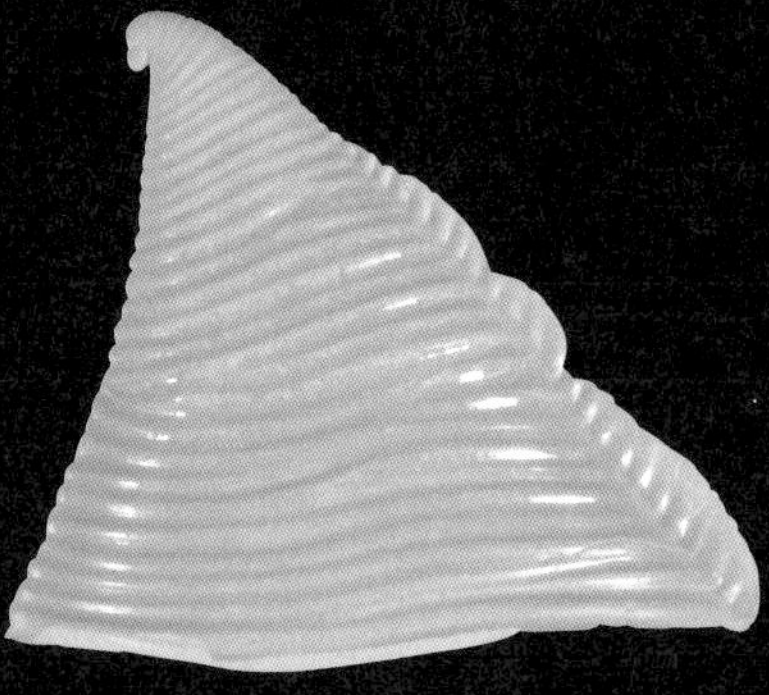

ハダカゾウクラゲ

Pterotrachea coronata

体長 15cm ほどになり、体は円筒状。ゾウの鼻に似た吻をもつ。世界の温・熱帯水域に生息する。

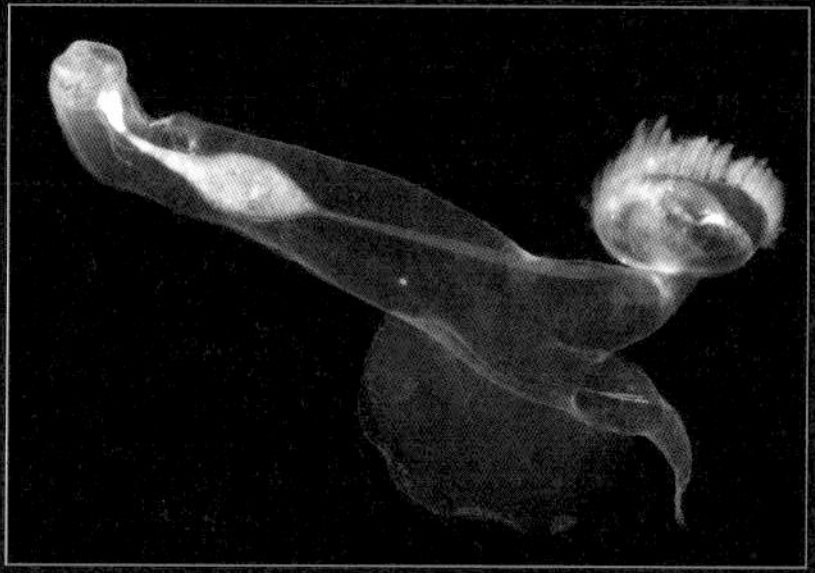

⬆ゾウクラゲ科のカエデゾウクラゲ

ゾウクラゲの体の先端には口があり、体の真ん中あたりに内臓が茶色く透けて見える。名前の由来ともなったゾウの鼻のように伸びた口の先端には「歯舌《しぜつ》」というやすりのような器官があり、ここでカイアシなどの甲殻類などを食べる。背の中央には、後ろに反るように3センチほどの烏帽《えぼ》子《し》型の半透明な白色の殻を持つ。この貝殻をオウムガイの仲間と見立てて英語では「グラッシー・ノーチラス（ガラス製のオウムガイ）」とも呼ぶ。

ゾウクラゲの仲間には、ヒメゾウクラゲなど9種ほどが知られており、ハダカゾウクラゲ科には、すっかり殻を失ってしまったハダカゾウクラゲなど4種が知られている。

ヴィジュアル特集③

美しいイモガイ

イモガイ類もまた、タカラガイ類と同じように貝類収集家の間で人気がある。特に、インドー太平洋は種類が豊富で、日本近海で見られるものも多い。ここではそのうち、色や模様が派手なイモガイを紹介する。

ナンヨウクロミナシ
Conus marmoreus
●殻高 8cm ●奄美群島以南、熱帯インドー西太平洋 ●ほぼ同じ大きさの白色三角斑が無数に散らばる。

ベンテンイモ
Textilia dusaveli
●殻高 9cm ●三宅島・紀伊半島〜フィリピン、ニューカレドニア ●細長い樽型で光沢がある。白色と褐色の破線と褐色の螺帯が体層をめぐる。

⬅ タガヤサンミナシ
Cylinder textile
●殻高 11cm ●三宅島・紀伊半島・山口県北部以南、熱帯インドー西太平洋 ●白色のテント斑が密集し、黒褐色の波状の横帯が入る。

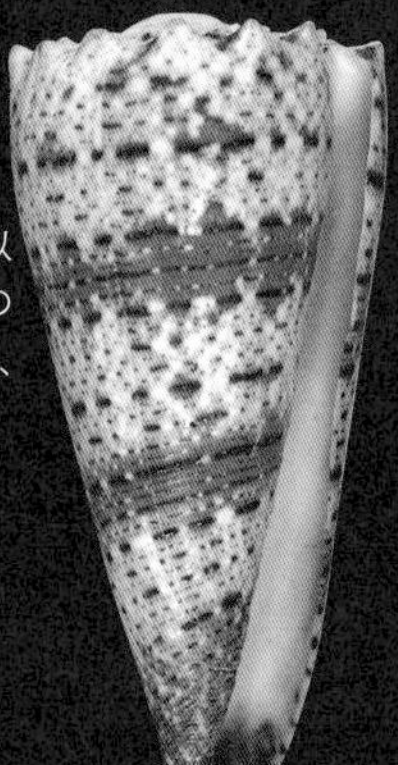

➡ ミカドミナシ
Stephanoconus imperialis
●殻高 8cm ●三宅島・紀伊半島以南、インドー西太平洋 ●黒や赤の破線が体層をめぐる。螺塔は低く、肩部に低いトゲ列がある。

ヒラセイモ
Klemaeconus hirasei
●殻高 6cm ●伊豆諸島〜フィリピン、南シナ海 ●体層に赤褐色の螺線をめぐらし、縫合部に黒点が並ぶ。

⬇ バラフイモ
Rhizoconus pertusus
●殻高 6.2cm ●八丈島・紀伊半島以南、熱帯インドー西太平洋 ●殻底の螺肋は強く、殻表に雲状斑をめぐらす。

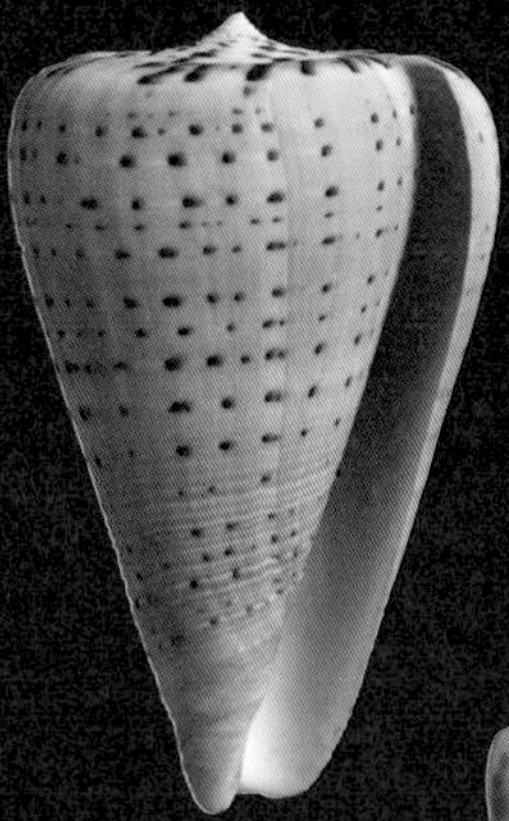

← ダイミョウイモ
Dendroconus betulinus
●殻高 16cm ／殻径 7cm ●奄美群島以南、熱帯インド−西太平洋 ●殻が厚い。黄褐色の殻表に黒い斑点がまばらに並ぶ。

マダライモ
Virroconus ebraeus
●殻高 4cm ／殻径 2.5cm ●伊豆諸島以南、熱帯インド−西太平洋 ●白い殻表と縫合面に四角い黒斑が並ぶ。

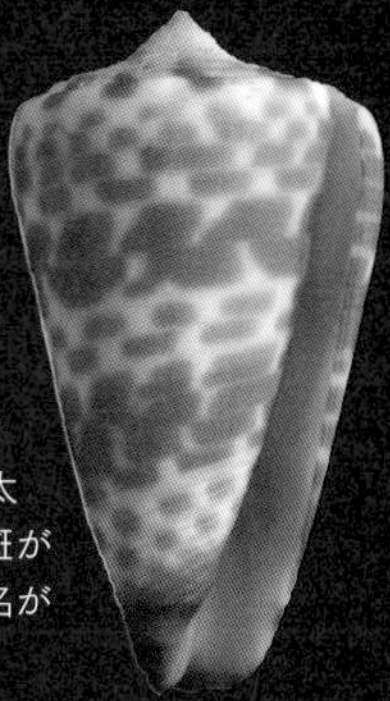

➡ ハルシャガイ
Tesselliconus tessulatus
●殻高 5cm ／殻径 2.5cm ●房総半島以南、熱帯インド−西太平洋 ●白い殻表に四角い赤斑が並ぶ。「カバフイチマツ」の別名がある。

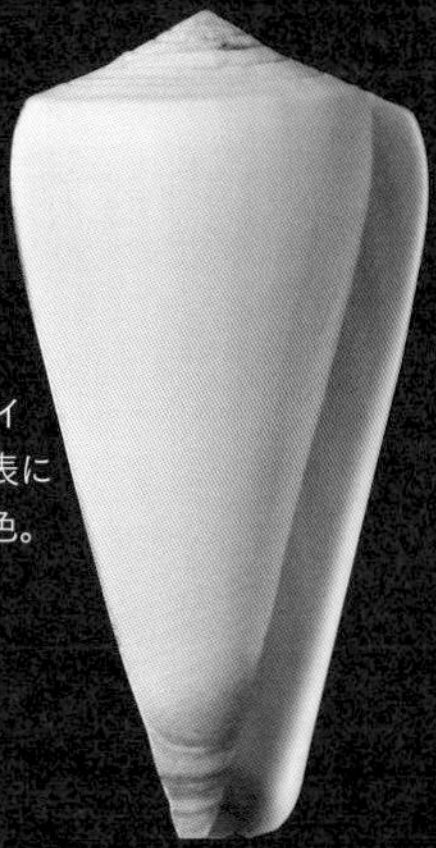

➡ オトメイモ
Virgiconus virgo
●殻高 11.5cm ／殻径 5.5cm ●八丈島・紀伊半島以南、熱帯インド−西太平洋 ●殻表に紋はなく、原殻は紫色。

➡ スジイモ
Dendroconus figulinus
●殻高 9.5cm ●四国南部以南、熱帯インド−西太平洋 ●殻は厚く、灰褐色の体層に黒褐色の細い線を多数めぐらす。

アカシマミナシ
Strategoconus generalis
●殻高 8cm ●八丈島・紀伊半島以南、熱帯インド−西太平洋 ●2本の橙〜褐色の幅広い螺帯をもつ。

ヤナギシボリイモ
Rhizoconus miles
●殻高 7cm ●八丈島・紀伊半島以南、熱帯インド−西太平洋 ●不明瞭な褐色の帯が中央に入り、橙褐色の縦線が無数に走る。

⬇アンボイナは殻高12cmにもなり、奄美群島以南に分布する。

アンボイナ。上の管は「水管」なので危険はないが、下の「吻鞘(ふんしょう)」からは細長い「吻」が伸び、その先端から毒の歯舌歯が発射される。

猛毒の矢で魚を襲うイモガイ

毒矢を放つ危険な貝

美しい巻貝としてコレクターに人気のイモガイには、毒針をもつものがいる。動きの遅い巻貝が、この毒針で活発に泳ぐ魚を捕食するのである。

毒針の正体は、巻貝が持つ「歯舌《しぜつ》」である。歯舌は本来、歯というよりも、いわばおろし金のような舌。ところが、イモガイの歯舌の歯はばらばら、かつ中空で矢じりの形をしている。イモガイはその歯の中に、体内でたくわえた毒液を詰めて、伸ばした吻《ふん》の先から獲物めがけて発射するのである。

特に大型のアンボイナはインド・太平洋のサンゴ礁に分布し、沖縄県の沿岸でも見つかることがある。このイモガイは攻撃性があるため、うっかり手足が刺されてしまうと、人間とて命の危険にさらされる。そのため沖縄の毒ヘビであるハブになぞらえて、「ハブガイ」とも呼ばれる。毒はコノトキシンという神経毒で、インドコブラの数十倍も強い。刺されると神経が麻痺し、呼吸困難などの症状が現れるので危険である。

イモガイのすべてが毒をもつわけではないが、日本で見つかるベッコウイモやニシキミナシなどの魚食性の種類は要注意である。

PART 5

飾りになる貝殻

色や形、真珠のような光沢など、貝殻の多くは生活を彩り飾るために加工されることがある。ここではその美しさが加工品などに役立っている主な貝殻を紹介する。

巻貝

01

Strombus gigas

●英名：**Queen conch**　●分類：新生腹足目ソデボラ科
●サイズ：殻高 30cm ／殻径 25cm　●分布：西インド諸島（大西洋）
●生息域：潮間帯～水深 30m の海藻がある砂底

ピンク色の部分がアクセサリーになる

ピンクガイ

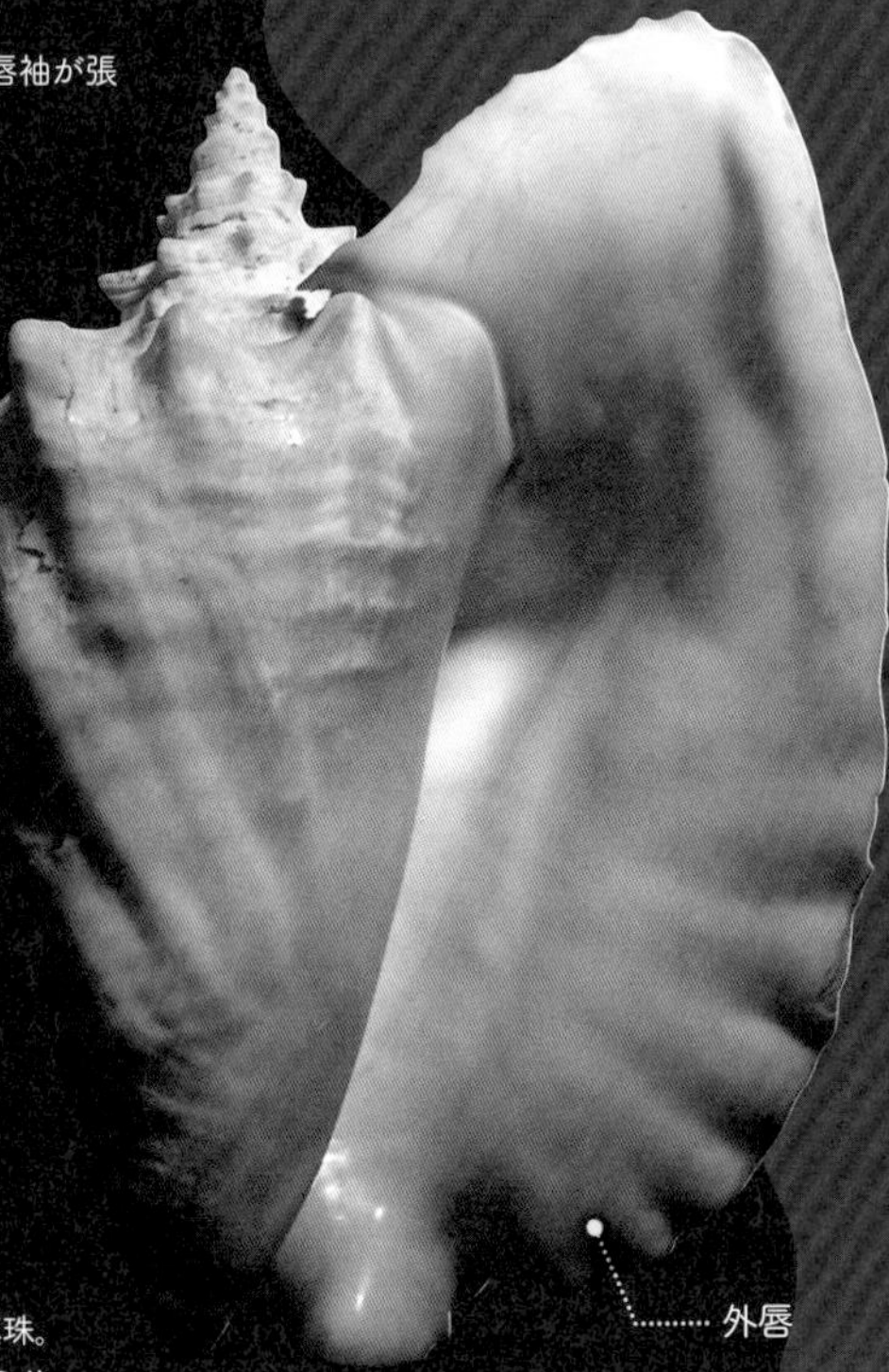

➡右側に大きく外唇袖が張り出したピンクガイ

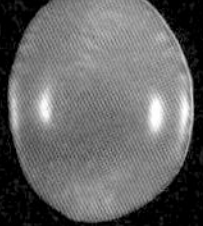

⬆ピンクガイの真珠。標本は、直径２ミリほどの小さいもの

カリブ海域では最大級の巻貝で、殻高30センチにも達する。成体の貝殻は、外唇《がいしん》が大きく張り出し、殻口《かくこう》は鮮やかなピンク色。質は良くないが、稀にピンク色の真珠が採られることもある。

アメリカ先住民は、ピンクガイを装飾品や角笛として用いていた。それらが大航海時代にヨーロッパへもたらされると、暖炉の上に置く飾りなどに利用された。現在ではインテリアやアクセサリー素材として広く重宝されている。また、そもそも西インド諸島では食用としても重要な漁業資源である。そのため乱獲により絶滅が危惧された地域もあり、ワシントン条約により輸入は規制されている。

02
巻貝

Cypraecassis rufa

●英名：**Bullmouth helmet**　●分類：新生腹足目トウカムリ科
●サイズ：殻高 15cm ／殻径 8cm くらい　●分布：紀伊半島以南、熱帯インド－西太平洋
●生息域：サンゴ礁付近の砂底

殻の浮き彫りが装飾品になる

マンボウガイ

▼万宝貝

←19 世紀半ばに作られたマンボウガイのカメオ（©Victoria and Albert Museum）

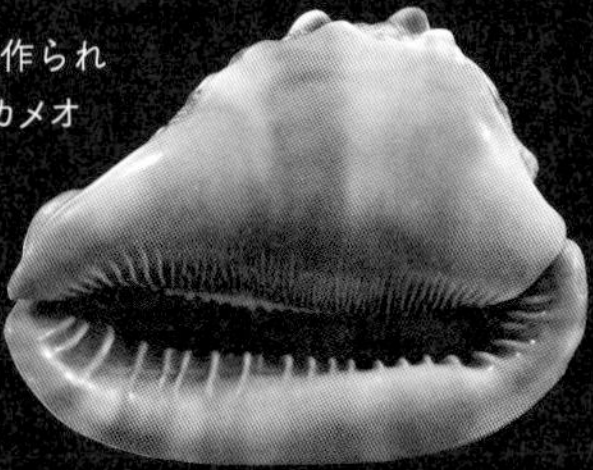

↑殻口は、橙赤色の滑層がおおい、人間のくちびるのようにも見える。

低いこぶ状突起

←目立つ螺肋は５本ほどで、大きなこぶ状の突起が並ぶ。螺塔は低い。

トウカムリ科に属する中型の貝で、殻《かく》は厚くて重い。殻口《こう》はくちびるに似ており、内《ない》唇《しん》・外唇《がいしん》に厚い滑層《かっそう》が広がり色鮮やか。厚い殻表は、色の異なる層が重なってできている。これを彫り分けたものが「カメオ」と呼ばれる装飾品である。アフリカ東部産のマンボウガイを素材に、ギリシア風の貴婦人や風景などの微細な彫刻をほどこしたブローチや指輪が、イタリアを中心に盛んに作られている。

マンボウガイそのものは、紀伊半島以南のインドー西太平洋の熱帯域に広く分布する貝なのでさほど珍しくはないものの、装身具や芸術品の素材として現在でも珍重されている。

Lunatica marmoratus

●英名：**Great green turban**　●分類：古腹足目サザエ科
●サイズ：殻高 18cm ／殻径 20cm　●分布：種子島～屋久島以南
●生息域：水深 10 ～ 30m の岩礁

巻貝

03

真珠層が螺鈿の材料に用いられた ヤコウガイ

▼夜光貝

⬅成長とともに、この標本よりもさらに太い螺肋を形成する。（標本＝遠州灘）

ふたは白くなめらか

縫帯が著しい

➡螺塔から見たヤコウガイ。サザエ類では最大の種である。

肩の稜は太い

ヤコウガイは「夜光貝」の字があてられるが、発光はしない。というのも、種子島以南に産し、屋久島で採取されたことから本来は「屋久貝《やくがい》」とされ、それがいつしかなまって「ヤコウガイ」と呼ばれたためらしい。

殻表は緑色と褐色の斑紋におおわれ、磨き落とすと美しい真珠層が現れる。この真珠色の光沢部分を切り出して、漆器や木材の彫刻にはめこむ技術が「螺鈿《らでん》」と呼ばれるものである。中尊寺金色堂をはじめ平等院鳳凰堂といった日本を代表する建築物に多用されており、東大寺の正倉院に収蔵されている琴や鏡などの宝物の螺鈿原料も、ほとんどがこのヤコウガイである。

Nordotis fulgens

●英名：**Green abalone**　●分類：古腹足目ミミガイ科
●サイズ：殻長 20cm　●分布：太平洋（カリフォルニア州〜メキシコ）
●生息域：潮間帯〜水深 10 〜 20m の岩礁

巻貝

04

殻の内側にクジャク模様の光沢が見える

クジャクアワビ

▼孔雀鮑

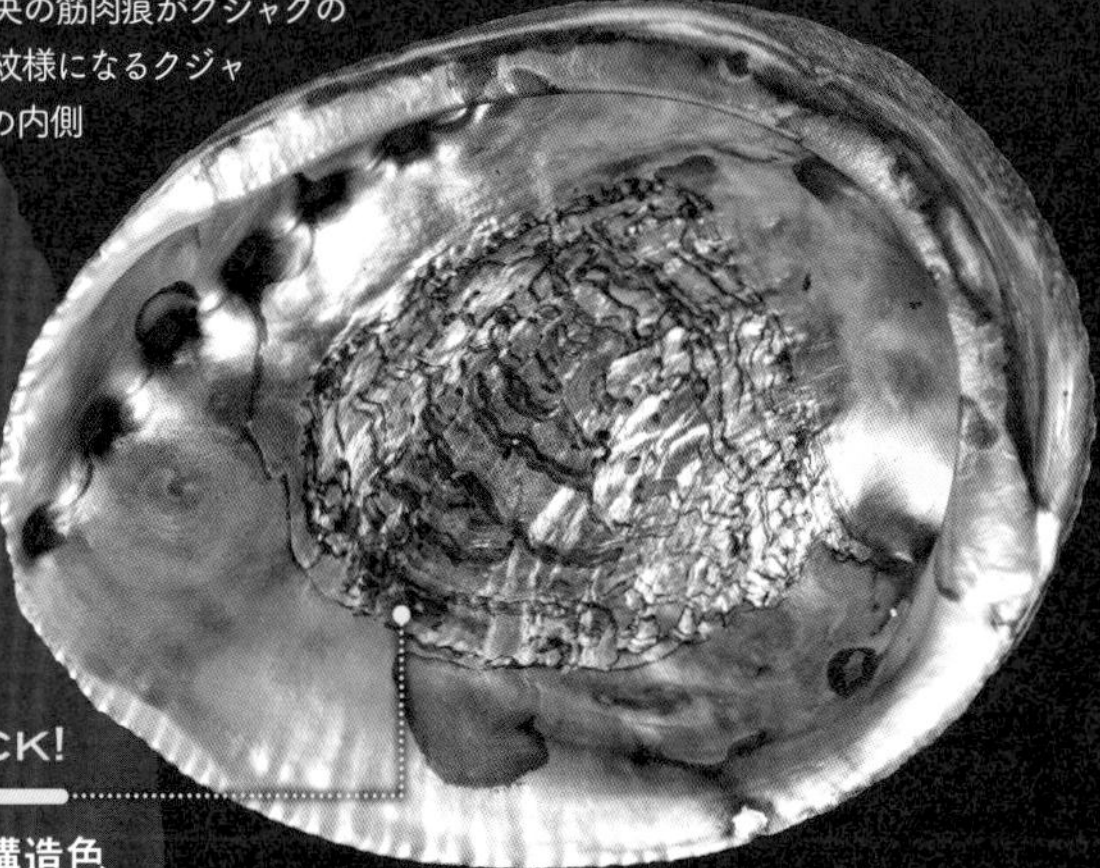

➡殻の中央の筋肉痕がクジャクの羽に似た紋様になるクジャクアワビの内側

CHECK!

虹色の構造色

炭酸カルシウムの薄い膜が層状に重なり、それぞれの層に反射する光が干渉することで虹色に見えている。

➡ マダカアワビ

Nordotis madaka

日本では重要な水産資源のひとつで、日本では最大種。3〜4個の呼吸孔が管状にそびえている。

ヤコウガイやオウムガイなど同じく、アワビ類は螺鈿《らでん》の材料として使われる重要な貝殻のひとつ。これらの薄く切り出される素材を総称して「青貝《あおがい》」ともいう。クジャクアワビは海外産のアワビで、殻の内側にクジャクの羽のような雲紋が美しく、やはり真珠光沢の部分を削って服飾品として用いられるし、大きさもあるので、標本そのものが飾りにされることもある。

　日本では古くから、アワビ類は食材として重宝されてきた。その記録は、3世紀末に書かれた『魏志倭人伝《ぎしわじんでん》』にもある。一方、クジャクアワビはそれほど美味ではなく、食用としてはさほど重視されてはいない。

Lunatica petholatus

●英名：**Tapestry turban**　●分類：古腹足目サザエ科
●サイズ：殻高 6cm ／殻径 6cm　●分布：種子島～屋久島以南
●生息域：潮間帯～水深 30m のサンゴ礁

ネコの目に似た美しいふたをもつ

リュウテン

▼龍天

⬆螺頂側から見たリュウテン

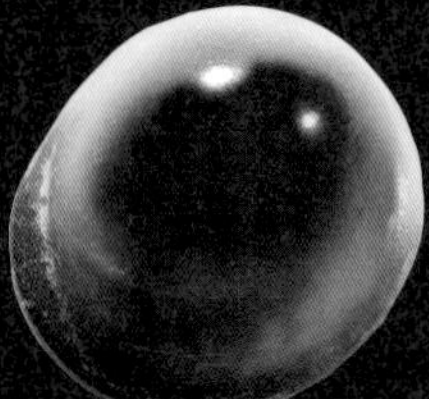

⬆「キャッツアイ（ネコの目）」とも呼ばれるリュウテンのふた。表面は青緑色を帯びている。

リュウテンは、サザエ科の中ではやや珍しく、殻表《かくひょう》がなめらかで、模様が美しい。殻《かく》口《こう》は黄色の帯が縁取り、螺層《らそう》には赤褐色の地に黒い帯が走り、白い斑点が散る。まるでタペストリーのようでもあるし、螺頂《らちょう》に向かって伸びる黒い帯に注目するなら、なるほど天に昇る龍のようでもある。

美しいとはいうものの、西太平洋からインド洋にかけて幅広く分布するので、さほど珍重されることはない。一方、貝殻そのものよりも、そのふたはペンダントやブローチなどの装飾品に用いられることがある。ふたはなめらかで光沢があり、青～緑色をしていることから「ネコの目」にたとえられることもある。

06

巻貝

Tectus niloticus

●英名：**Commercial top shell**　●分類：古腹足目ニシキウズ科
●サイズ：殻高 13cm　●分布：奄美群島・小笠原諸島以南
●生息域：潮間帯の上部、岩礁

貝ボタンの材料に使われる

サラサバテイ

▼更紗馬蹄

←貝細工用に表面を削って真珠層を表したサラサバテイ

↓更紗模様と円錐形が美しいサラサバテイ（標本＝石垣島）

CHECK!

更紗模様

殻表には紅紫色の稲妻状の放射模様がある。

サラサバテイは奄美大島以南のサンゴ礁に暮らし、ニシキウズ科の貝の中では大型のものである。殻は厚くて重い。整った円錐形をしており、老成して体層の周縁がふくらんだものは、「ダルマサラサバテイ」とも呼ばれる。これらは別種ではなく、成長段階の違いを表したものにすぎない。

現在でも貝ボタンや貝細工の原料としてよく利用され、産業の上では「タカセガイ（高瀬貝）」という名が用いられる。紅白の帯で彩られた更紗《さらさ》模様は美しく、この表面を薬品で溶かしたり磨いたりすると上品な真珠光沢の層が現れる。沖縄では食用とされ、やや高価な貝である。

Nautilus pompilius

●英名：**Chambered nautilus**　●分類：オウムガイ目オウムガイ科
●サイズ：殻長 20cm 前後　●分布：熱帯西太平洋
●生息域：サンゴ礁～水深 500m 付近

07

イカ・タコ

螺旋状の貝殻をもつ「生きている化石」

オウムガイ

▼鸚鵡貝

←オウムガイの貝殻。白地の殻表に火炎のような色帯が走る。稀に南西日本に殻が漂着することもある。（標本＝フィリピン、セブ島）

オウムガイは、殻の巻き込み部分が黒いことから、くちばしの黒いオウムに見立てて名づけられた。イカやタコの仲間（頭足類）で、その祖先は5億年前にさかのぼるといわれ、化石生物のアンモナイトと近縁な関係にある。現生種のオウムガイ類が「生きている化石」と呼ばれるゆえんである。

オウムガイの仲間はすべて西太平洋に生息し、オウムガイのほか、オオベソオウムガイ、パラオオウムガイ、ヒロベソオウムガイなどがおり、学説によっては2～8種と開きがある。オウムガイの貝殻が他の巻貝と大きく異なる点は、貝殻の中が30前後の小さな部屋（気室）に分かれてい

⬅ ヒロベソオウムガイ
Nautilus scrobiculatus

ニューギニアに生息する、臍孔が大きいオウムガイの仲間。殻の直径は20cm前後（標本＝ニューギニア）

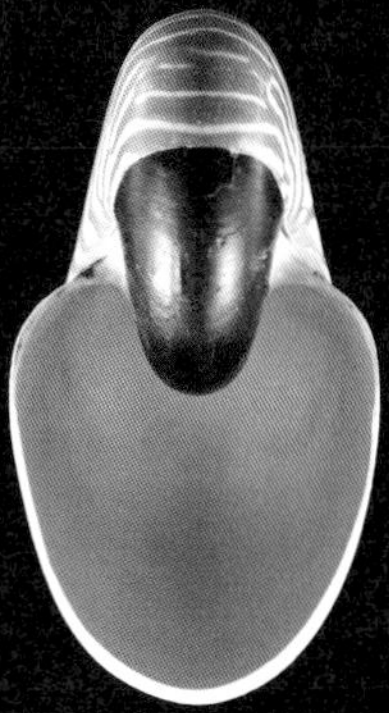

➡オウムガイの貝殻、殻口正面から。

⬆海を浮遊するオウムガイ。殻の内部のガス圧を調整することで浮力を調節して垂直移動する。一方、泳ぐ速さや方向を調整するときは、触手の腹側にある漏斗から海水を噴き出す。

➡16世紀末ごろにオランダのユトレヒトで製作されたと考えられているオウムガイの杯（大英博物館蔵）

ることである。

　オウムガイは水深200〜500メートルの深海に生息し、夜間や産卵するときには水深40〜60メートルの浅さにまで垂直移動するという。このとき気室はガスで満たされており、すべての部屋に通じる細い管によって液体とガスの量を調節することにより、オウムガイは浮き沈みをコントロールしていると考えられている。

　貝殻は飾りとしても古くから珍重されている。そのままインテリアとして飾られることもあるし、表面を磨いて真珠層を表したものもある。日本近海には生息しないが、稀に貝殻が南西日本に漂着することもある。

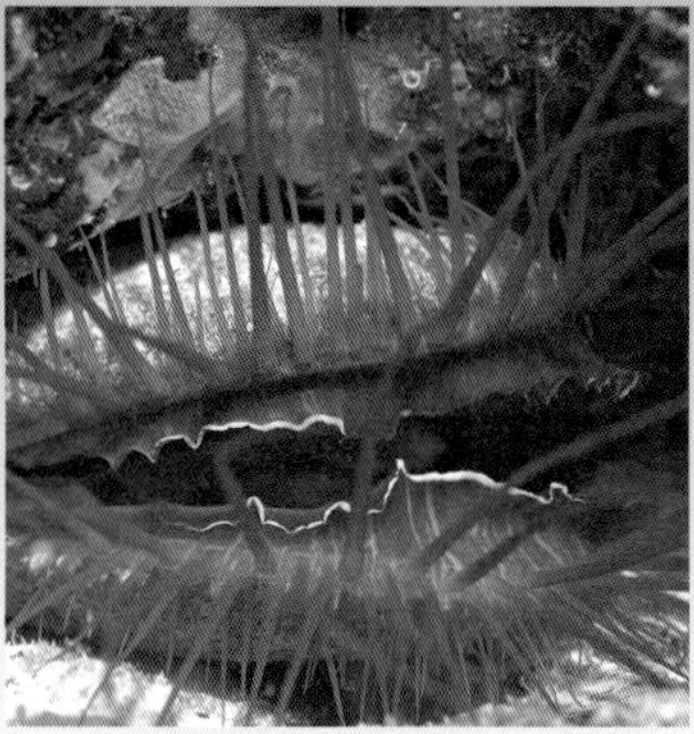

⬆外套膜が稲妻のように輝くウコンハネガイは、殻高 8cm ほどの二枚貝。奄美群島以南の熱帯太平洋に分布する。

➡刺激を受けると暗闇で青白く発光するハナデンシャ。体長は 10cm ほどで、相模湾以南の太平洋に分布する。

光るウミウシ、光を反射する貝

発光する貝

一説では海洋に生息する生き物のうち、実に8割は深海にくらしているという。そしてその多くが、発光するものである。

しかし、ホタルイカをはじめとするイカ類などに比べると、発光性の貝類はそれほど多くは知られていない。たとえばニュージーランドに生息する淡水性巻貝のラチア類、シンガポールの発光カタツムリ、海外産のカモメガイやツクエガイなどが発光すると報告されている。

それ以外では、「殻を脱いだ巻貝」であるウミウシ類にも、ヒカリウミウシやエダウミウシなど発光するものがいくつか知られている。日本沿岸で最も有名なものは「ハナデンシャ」という電飾を思わせるウミウシで、刺激を受けたときに暗闇で青白く発光する。この光は熱を出さない冷たい光であり、「生物発光（バイオルミネッセンス）」と呼ばれる。

ちなみに、浅海の岩の割れ目などに生息するウコンハネガイも、外套膜が稲妻のように光る様子がよく見られているが、こちらは生物発光ではない。外套膜に光を反射する細胞があるため、輝いて見えるのである。

特集

貝から生まれた美しい文化

人類と貝の関わりは、深く長い。歴史は有史以前にさかのぼり、その範囲は食材、装飾品、貨幣、収集の対象など、幅広い。ここでは人類の心性に深く刻み込まれてきた貝という視点から、その主な文化を紹介する。

貝と和食

いつから食べ始められたのか？

平らに伸ばしたアワビを干す女性たちの様子を描いた、葛飾北斎の浮世絵（1821年）

日本人と貝の関わりは古く、縄文時代にまでさかのぼる。当時の貝塚からは、日本人が食べていたおびただしい種類の貝殻が大量に見つかっている。

中でも最もたくさん見つかっている貝殻はハマグリで、そのほかにもイボキサゴ、マガキ、バカガイ、ミルクイ、サザエなどがよく食べられている。イボキサゴは干潟にすむ2センチほどの小さな巻貝で、身が取り出しにくいこともあり、今日ではまず食べない。また意外なことに、今日では人気のあるアサリがあまり食べられていない。

いずれにせよ貝塚で見つかる貝殻からは縄文人がいかに貝を食べるのを楽しんでいたかがわかる。

貝には、必須アミノ酸とミネラルが多く含まれている。栄養不足になりがちだった当時の食生活を、貝の栄養素が補っていたと考えられるのだ。貝塚のそばからは、貝を干すための加工場の跡も見つかっている。

貝をめぐる料理の記録で最も古いのは『日本書紀』に登場する「白蛤《うむぎ》の膾《なます》」（ハマグリの酢の物）である。景行天皇が安房《あわ》の浮島《うきしま》に行幸されたとき、家来のイワカムツカリノミコト（磐鹿六雁命《いわかむつかりのみこと》）が白蛤の膾を献上したところ、たいへん喜ばれ、彼を料理長に任命した。これによりイワカムツカリノミコトは「料理の神様」として、千葉県千倉

1877年、動物学者のエドワード・モースにより、日本で初めて発見された大森貝塚（東京都大田区）

祝い事に用いられる「のし袋」。印刷されることも多いが、右上の色紙にはさんである黄色い紙は、「のしアワビ」を表している。

千葉県千倉市にある高家神社

の高家《たかべ》神社に祀られることになった。

やがて、庶民的なハマグリに対して、高級食材として人気があったのはアワビだった。平安中期の法律書『延喜式《えんぎしき》』にはアワビの加工品が約40種類あげられている。アワビを干して薄く平らに伸ばしたのしアワビは、贈り物に添える習わしがあった。現在、贈答用の「のし紙（熨斗《のし》紙）」についている熨斗の真ん中の黄色く細長い紙は、のしアワビを表している。

カキもまた縄文時代以来、人気の高い貝だった。カキの養殖は室町時代に広島で始まり、その後、日本各地で盛んに養殖されるようになった。ただし生食による食中毒が多かったために、さまざまな料理法が考案されている。身を食べるだけではなく殻も活用された。江戸時代には殻を砕いて加工して、日本画の白絵具にあたる胡粉《ごふん》が作られた。漆喰《しっくい》代わりに壁に塗ったり、肥料にも利用された。

日本中を見渡せば、各地にはそれぞれの土地で採れる貝を使った郷土料理がある。北海道のツブ貝（エゾボラなど）の煮物、青森のホタテの貝焼き味噌、宮城のホッキ飯、三重の焼きハマグリ、鳥取のイガイ飯、福岡のマテガイの酒蒸し等々。調理の仕方は煮たり焼いたりとシンプルで、貝そのものの味を楽しめるようなものばかり。貝なくして日本の食文化は語れないのだ。

幻想をかきたてるハマグリの謎

蜃気楼を呼ぶ貝

鳥山石燕が描いた「蜃気楼」。中国の『史記』にもとづき、蜃気楼は巨大なハマグリが作り出すのだと信じられていた。

ハマグリといえば、アサリやシジミと並んで日本で最もポピュラーな二枚貝である。「雀《すずめ》、海中に入りてハマグリとなる」という諺《ことわざ》があるが、陸上の雀の数ほど海の中にはハマグリがいると思われていたので、東京湾に面した貝塚から出土するのも圧倒的にハマグリが多い。ハマグリとは浜の〝栗〟ではなく、浜の〝ぐり〟（礫《れき》のこと）なのであり、それほど海辺ではありふれた貝である。

用途は幅広く、食用はもちろん、平安朝の遊びである「貝覆《かいおお》い」にその貝殻が使われたり、碁石の材料になったりとハマグリは日本文化の中に深くかかわってきた。

ハマグリには、面白い性質がある。環境が悪化すると、水管の根元にある腺から、ゼラチン状の粘液を大量に吐き出し、それを抵抗板にして引き潮とともに沖へ引っ張られて移動する。このため、前日に浜にまいたハマグリが一夜にして、すっかり姿を消してしまうこともあるという。こうした現象を人は「ハマグリの蜃気楼《しんきろう》」と呼ぶことがあるという。蜃気楼の「蜃」という字は巨大なハマグリを表しているからだ。

ハマグリは、食材として中国や朝鮮でも人気があった。中国の伝承には、蜃気楼は年を経た巨大なハマグリが作り出すというものがある。これが暖かくて穏やかな日にあくびをすると、口から吐いた気

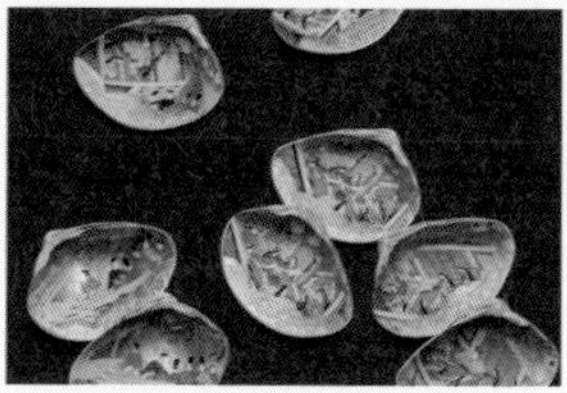
平安時代の貴族が用いた「貝覆い」。現代のトランプを用いた「神経衰弱」と同じゲームである。

富山県で観測された蜃気楼。海面の温度が低いとき、冷えて密度が高くなった海面近くの大気に、水平線の向こう側の船や風景が映ることによって起きる。

シナハマグリ。ハマグリに比べて殻高が高く、殻頂も丸みを帯びる。食用として、ハマグリよりも多く流通している。

が空中に楼閣《ろうかく》を作り出すと信じられていた。たとえば江戸時代の妖怪画集である鳥山石《せき》燕《えん》の『画図《えず》百鬼《ひゃっき》夜行《やぎょう》』にも、中国の文献を参考にして堂々たる楼閣の幻影を吐き出す巨大なハマグリの図が描かれている。

蜃気楼、すなわち遠方に見えないはずの景色が見えてしまうという不可思議な自然現象を古代人が命名する際、彼らは、粘液を吐き出した後日に姿を消してしまうハマグリの習性を知っていたとしか思えないのである。

幻想的なイマジネーションをかきたててきたハマグリであるが、日本における生息数は昭和後期から激減している。もともとハマグリは塩分濃度の低い内湾を好むが、そうした環境は干拓や埋め立て、護岸工事などによって破壊されてしまった。

九十九里浜や湘南などで、焼きハマグリとして売られているのは、「チョウセンハマグリ」と呼ばれる外洋にすむ別の姉妹種。チョウセンという名前がついているが韓国産というわけではなくれっきとした在来種である。ハマグリにくらべて殻が厚く、模様はあまり発達していない。

宮崎県の日向市は碁石の生産で有名だが、その原料に使われているのもチョウセンハマグリの大型半化石である。最近市場に出回っているのは中国や韓国から輸入されている別種のシナハマグリが多い。

お金として使われたタカラガイ類

貝殻と貨幣

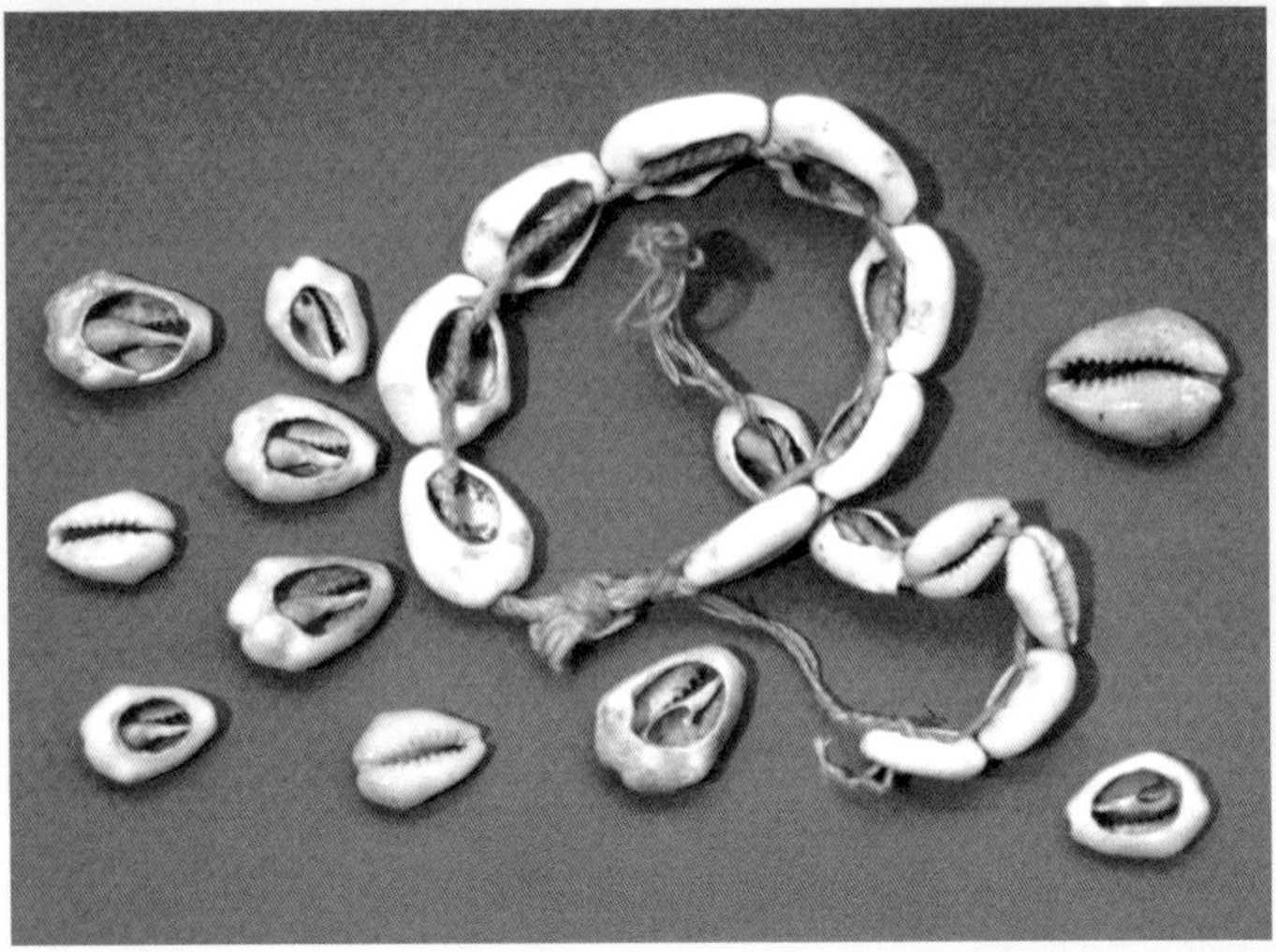

かつて奴隷貿易で使われた貝貨。タカラガイ類のキイロダカラの背に穴をあけ、紐を通して使用された。

貝は、なぜ人間にとって重要なのか。食材としての重要性もさることながら、それとはまた別の価値も古来、貝殻には見出されてきた。

ふだん私たちが使っている漢字の中には、「貝」という部首を含んでいるものが、たくさんある。たとえば、財、賞、貨、貯、資、買、費、賃、貴、寶（宝の旧字）など。これらの漢字に共通する特徴は、どれも金銭や財宝などにかかわる意味を持っていることである。これは古代中国において、貝が貨幣として使われていたことにちなんでいる。

原始社会では物々交換が取引の主流だった。しかし、社会が発展し、交易が盛んになると物々交換では何かと不都合が生じた。魚や肉は腐るし、米は重い。そこで新たな交換手段として考えられたのが貝である。元来、装飾品として利用されていた貝を媒介として、物と交換するというシステムが生まれたのである。

中国で貝が貨幣として使われるようになったのは、殷《いん》（紀元前１６００年～前１０４６年）の時代であるという。当時使われていたのは、タカラガイ類である。タカラガイはサイズも小さく、粒もそろっていて、形や模様も美しい。しかも女性器に似ていることから多産豊饒の象徴とされ、装飾品としての人気も高かった。古代中国で使われていたのは、そのほとんどがキイロダカラであった。

フィリピンのパラワンで採集されたキイロダカラは、殻表が黄色い滑層におおわれる。インド・太平洋に広く産するが、色と形は変異がある。

↑パプアニューギニア、ニューブリテン島にくらすトーライが用いる貝貨。ムシロガイ科の貝殻をつなげて大きな輪にしたもの

ニューギニア島西部のイリアンジャヤで作られた貝貨は、ネックレスの飾りにもされる。材料は大型のイモガイ類

キイロダカラは殻高3センチほどで、薄い黄色を帯びている。背面を削って穴をあけたものに紐を通して貨幣（貝《ばい》貨《か》）として用いた。この穴を開けた貝の形が、のちの硬貨の原型になったのである。

中国で青銅製の貨幣が発明されて貝貨がすたれてからも、タカラガイは太平洋地域やアフリカなど広い地域で近代にいたるまで貨幣として使用され続けた。中世の西アフリカでは金が高額貨幣であるのに対して、貝が少額貨幣として流通していた。奴隷貿易が始まると、アラブ商人がモルジブ産のタカラガイをアフリカに大量に持ち込み、それが奴隷取引の資金源となった。

タカラガイ以外の貝も貨幣として用いられた。アラスカやカナダの先住民の間では、ツノガイの両端に紐を通して数珠状にしたものが貨幣とされた。その価値はつなげられたツノガイの数ではなく、長さによって決まったという。

パプアニューギニアのトーライという人びとの間では「タブ」と呼ぶ貝貨が、今なお用いられているという。これは、殻高1センチほどあるムシロガイ科の貝殻の上部を切り落として紐を通してつなげたものである。パプアには「キナ」と呼ばれるれっきとした法定通貨があるが、それと併用してこの貝貨が婚資や賠償の支払い、村でのちょっとした買い物などに現在も広く使用されているらしい。

シリアツブリの「貝紫」

貝と色の魔力

6世紀に東ローマ帝国を治めたユスティニアヌス1世のモザイク画。中央の皇帝と従者が貝紫で染色された衣類をまとっているのがわかる。

古代世界において、紫は最も高貴な色とされていた。カエサルをはじめ歴代のローマ皇帝は紫の衣類を羽織り、クレオパトラがローマに赴くときには、自らの船の帆を紫に染めさせたという。

じつは、この紫を出すのに使われたのが「シリアツブリ」というアッキガイ科の巻貝だった。紀元前10世紀ごろ、カナン（現在のシリア、レバノン、パレスチナ地域）に住んでいたフェニキア人は、この貝の鰓下腺《さいかせん》から分泌される淡黄色の液を天日にさらすと、赤味を帯びた鮮やかな紫色に変わることを発見し、それを染料とする技術を編み出した。

この染料は「貝紫《かいむらさき》」と呼ばれ、その染め物には特別な力が宿るといわれたのだった。

ただし、1個の貝から採れる染料はわずかだ。1グラムの染料を得るのに必要な貝は100〜1000個といわれ、1枚の衣服を染めるには1万5000個もの貝が必要とされた。しかも、フェニキア人は貝紫の製法を秘伝としていた。このため貝紫は高価なうえ、ローマで貝紫の染め物を着られるのは皇帝や元老院議員の特権階級に限られていた。

貝紫は東ローマ帝国でも皇帝や貴族、高位聖職者の色として使われてきた。しかし乱獲によってシリアツブリの数が激減し、1453年の東ローマ帝国の滅亡とともに歴史の表舞台から姿を消し、幻の紫となった。

フェニキア人の植民地であるアフリカ北部のカルタゴでは、5世紀の遺跡に染色作業が行われた染料のあとが残っている。貝紫は特産地であったカルタゴの都市ティルスの名前をとって、「ティリアン・パープル」とも呼ばれる。

肩部のトゲが発達するシリアツブリ。地中海に生息する貝で、殻高は6～9cmになる。染色用の貝として古代から知られていた。

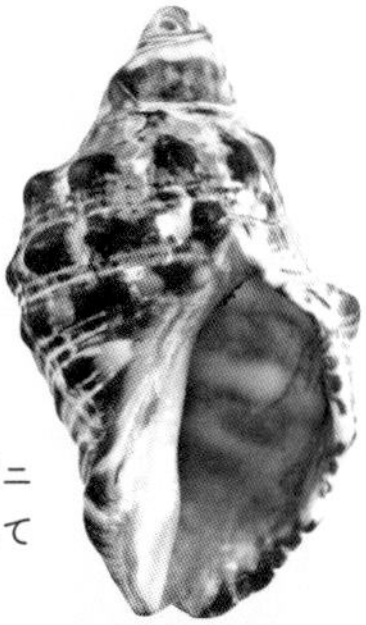

潮間帯の岩場で見ることができるイボニシ。こぶのようないぼが螺層をおおっている殻高3cmほどの巻貝

一方、メキシコ、オアハカ州に住む先住民ミステカ族は、アッキガイ科のヒメサラレイシを用いた貝紫の伝統を現代まで伝えていたことが知られている。男たちは愛する女性に貝紫で染めた糸を贈るために、村から300キロ以上離れた海岸まで旅をしてヒメサラレイシを集める。数か月かけて染色された糸は、鮮やかな紫色になるまで月明かりにさらして数年がかりで色を整える。この糸を贈られた女性は、その男性との婚礼衣装を自らの手で織るのである。

ミステカの人びとは、息を吹きかけて貝が驚いた拍子に分泌する液を直接糸にすりつけるという方法で液を採取した。そのあと貝を海に戻していたので、資源も維持されてきた。しかし、1980年代に外国資本が入って貝の乱獲を行ったため数が激減。その後、協定が結ばれ、先住民以外はこの貝を利用してはならないことになった。

日本でも1989年に発見された弥生時代の吉野ヶ里遺跡から紫色の絹布が見つかった。調査の結果、アカニシによる貝紫染めであることが明らかになった。また、昭和30年代ごろまで、志摩の海女《あま》たちは潜水中の事故から身を守るために、海岸の岩場で採れるイボニシから採れる染料で魔除けの印を描いた手ぬぐいを用いていた。貝紫は貴重な染料だからこそ、魔力までもが見出されたのかもしれない。

貝殻と再生の象徴

お守りになったジェームズホタテ

15 世紀に活躍したボッティチェリの「ヴィーナスの誕生」。女神は、再生や復活を象徴する巨大なヨーロッパホタテの上に立っている。

キリスト教の三大巡礼地というものがある。ローマ、エルサレム、そしてもうひとつがスペインのサンチャゴ・デ・コンポステラである。このサンチャゴ・デ・コンポステラへ続く道は中世以来の有名な巡礼路であり、今でも何週間もかけて、歩いて聖地をめざす巡礼者も多い。そんな彼らが、必ず身につけているお守りが「ジェームズホタテ」である。

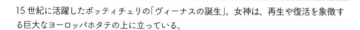

　地中海〜カナリア諸島産のジェームズホタテは、ホタテガイに似た貝である。巡礼者たちはこの貝の殻を荷物にくくりつけたり、首から下げたりして聖地をめざす。巡礼路にある宿や教会にも、ホタテガイ型のマークがつけられている。その理由は、ジェームズホタテがサンチャゴ・デ・コンポステラに墓がある「聖ヤコブ」のシンボルだからである。聖ヤコブとはイエスの12使徒のひとり。ジェームズとはヤコブの英語読みである。

　ところで、なぜこの貝が聖ヤコブのシンボルになったのだろうか。伝説では、聖ヤコブの遺体を乗せた船がこの地に流れ着いたとき、船底にこの貝がびっしりついていたからだといわれている。また、ヤコブがもともと漁師だったからだとか、巡礼者たちが大西洋でとれるホタテガイ類の殻を皿代わりに用いていたからだともいわれる。

　古代においては、ホタテガイの仲間は女性器に似ている

←↓ジェームズホタテは、地中海～カナリア諸島に分布する食用にもされる二枚貝で、殻長は12cmになる。

シモーネ・マルティーニが描いた「聖ヤコブ」。貝との関わりには諸説あるが、ヤコブは布教中にジェームズホタテを杖にぶら下げて歩き、これで水をすくって飲んだという説もある。（©Samuel H. Kress Collection）。

と見なされ多産や豊饒あるいは再生や復活のシンボルとされてきた。ルネサンスの画家ボッティチェリの「ヴィーナスの誕生」ではヴィーナスは巨大なヨーロッパホタテに乗っているが、それはもともと大地母神であったヴィーナスの生命力の誕生を象徴している。サンチャゴの巡礼路のシンボルがホタテガイ類になったのも、そこで人が古い自分を捨てて新たに再生するためであったとも考えられる。

一方、ジェームズホタテと形はほとんど同じであるが、日本産のホタテガイは、その規則的な放射肋が美しく、古くから食用としても人気がある。ちなみに日本のホタテガイに学名がつけられたのは、１８５３年、黒船で来航したペリーが日本から持ち帰った標本にもとづいている。

ホタテガイの食用になる部分は貝柱である。生きているときは、体を包む外套膜《がいとうまく》の間から小さな目であたりをうかがい、怪しい影がさすと、すぐに殻を閉じてしまう。貝柱は、この殻を閉じる筋肉（閉《へい》殻筋《かくきん》）のことである。しかし、殻を閉じて身を守るだけでは、ヒトデのように、殻をこじ開ける外敵にはかなわない。そこでホタテガイは、貝柱で殻をパタパタと激しく開閉させ、体内の水を殻のすきまからジェット噴射して逃げることもできる。この仕組みを利用して、ホタテガイはかなりの距離を泳ぐことができる。

魔をうち払うシャンクガイ

貝とアジアの信仰

カラスガイに小さな鉛を入れて作られた仏像真珠。仏教信仰との関わりも深いが、その後の真珠養殖のヒントとなった可能性がある。

信仰に関わる貝としてアジアで知られているのがシャンクガイだ。インド洋のベンガル湾やスリランカ近海に産する、殻高14センチほどの紡錘形をした巻貝である。これは、インドやネパール、スリランカ、チベットなどアジアの広い地域で聖なる貝と見なされてきた。ほとんどのシャンクガイは右巻きだが、まれに左巻きのものもあり、それは特別に神聖視された。

銀や貴石で装飾し、吹き鳴らせるように加工したシャンクガイの貝笛は、ヒンドゥー教の儀式や、チベット仏教の法要などでも用いられる。ヒンドゥー教の絵画にも、ヴィシュヌ神がシャンクガイの笛を手に持つ姿が描かれている。

じつは、これが日本の法螺貝《ほらがい》のルーツであるようだ。

仏教では釈迦が霊鷲山《りょうじゅせん》で法華経を説いたとき、人を集めるための合図としてこの貝笛が使われたと伝えられている。これが中国を経て、密教の伝来とともに日本にもたらされ、「法螺貝」のルーツとなったと考えられている。京都の東《とう》寺《じ》には、空海が平安時代に唐から持ち帰ったとされるシャンクガイが収蔵されている。

貝殻は宗教的な用途以外にも、腕輪や首飾りなどに加工されることも多い。ミャンマーではシャンクガイの首飾りが先祖伝来の宝として受け継がれる。貨幣ではないが、象徴的な財宝と見なされてきた一例といえよう。

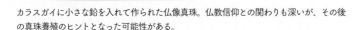

殻高40cmにもなるホラガイ。殻は重厚で、光沢がある。サンゴを食い荒らすオニヒトデの天敵としても有名。法螺貝は、この殻頂を切り取って、歌口をつけて作られる。

法螺貝を吹き鳴らす、山形県羽黒山の山伏

インド、ケーララ州沖合いから採集されたシャンクガイ。白い殻表を黄褐色の殻皮がおおう。

ちなみに、法螺貝というと、武将が合戦を前にして吹き鳴らすシーンが思い出されるかもしれない。これは法螺貝の音が大きく、遠くまでよく届くので、戦国時代、合戦の合図や戦意高揚のために使われるようになったからである。しかし、もともとは山岳密教に用いられる法具として、山に入って修行をする修験者《しゅげんじゃ》たちの必須アイテムであった。

法螺貝の吹き方には立螺作《りゅうらさ》法《ほう》と呼ばれるテクニックがあり、吹き方によって、仏の説法を表現したり、悪霊の調伏《ちょうぶく》を行ったりすることができる。その他にも、山中で修験者同士のコミュニケーションに用いたり、危険な動物を追い払うためにも吹き鳴らされた。たとえば京都の東大寺二月堂で毎年3月に行われる「お水取り」では、堂内の鬼を追い払うために法螺貝が吹き鳴らされる。

また、仏教と貝殻との関わりの興味深い例として「仏像真珠」と呼ばれるものがある。これは11世紀ごろ、宋の時代の中国で考案された世界初めての養殖真珠だといえる。

鉛でつくった小さな仏像をカラスガイの殻の中に入れておく。すると、分泌した真珠層が鉛をおおって、カラスガイの殻の裏に仏像型の真珠ができあがるという工程である。これを切り取って護符やお守りにした。この技術がその後の養殖真珠のヒントになったと考えられている。

貝から生まれた至高の輝き

真珠養殖の始まり

真珠の養殖いかだが浮かぶ英虞《あご》湾（三重県志摩市）。かつては真珠養殖の日本一を誇った三重県だが、現在は長崎県、愛媛県に次ぐ生産量になっている（農林水産省 令和４年）。

真珠は古代から人びとを魅了してきた。アコヤガイやアワビの中から偶然発見される乳白色の輝きを帯びた粒は、エジプトや中国、ペルシア、そして日本でも特別な宝飾品として珍重されてきた。だが、一方で「真珠とは何なのか」「どうしてできるのか」さらに「真珠を人工的に作れないものだろうか」と人は考え続けてきた。

　人の手で作られた真珠の最初の例は、前項でも紹介した11世紀の中国の仏像真珠である。カラスガイの貝殻と外套膜の間に小さな鉛の仏像を埋め込み、その表面が真珠層によっておおわれることで作られる仏像真珠はのちの養殖真珠のいわば先駆けだ。仏像真珠は、18世紀にフランス人神父によって本国に伝えられ、これを手がかりにヨーロッパで養殖真珠の研究が始まった。貝殻に穴を開けて中に小さな玉を入れたり、貝の内部にホルダーを設けたりするなどさまざまな工夫が行われた。しかし、天然真珠に匹敵するような真珠はできなかった。

　真珠形成のメカニズムがほぼ明らかになるのは、19世紀後半だった。貝には貝殻の成分を分泌する外套膜《がいとうまく》がある。この外套膜の一部が貝の中に入り込むと、膜は貝の体内で袋状の器官をつくり、その中に貝殻成分を分泌する。それが真珠となる。

　このメカニズムにもとづいて日本では明治時代の終わり

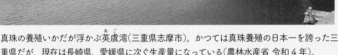

養殖真珠の母貝となるアコヤガイは、殻の表面に放射状の黒い帯ができる。

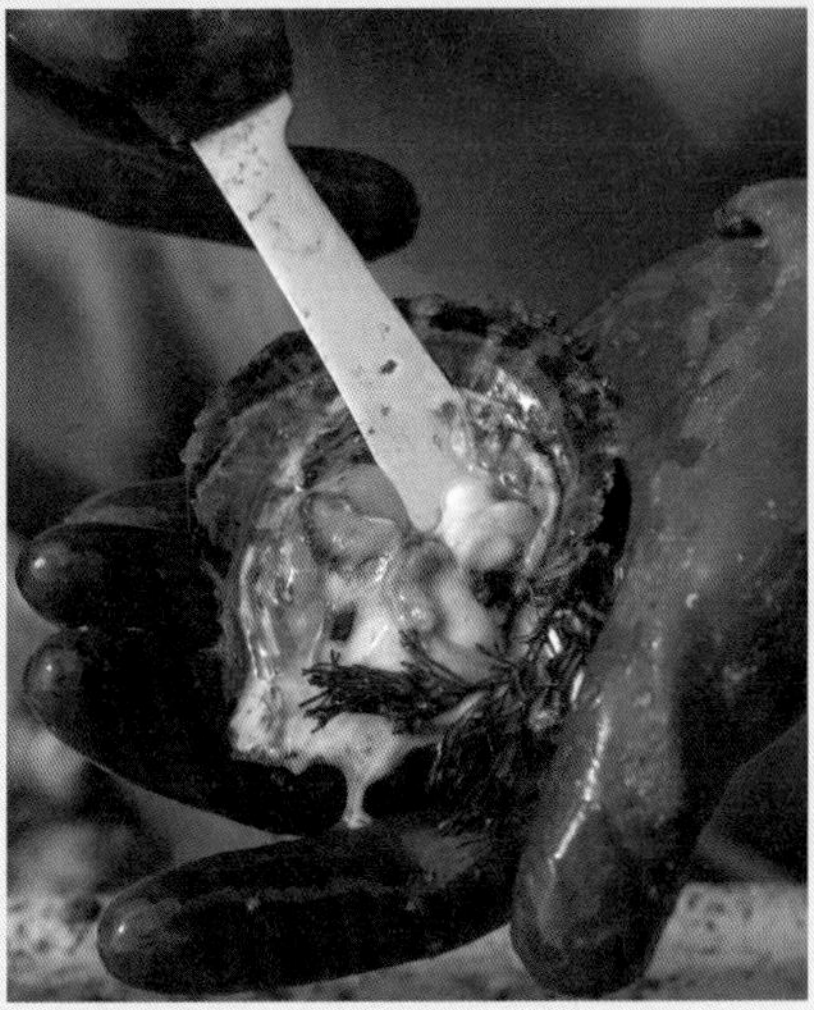

真珠養殖で、アコヤガイに入った真珠を取り出すところ

御木本真珠店(現・ミキモト)を創業した御木本幸吉。真円真珠の開発は、娘婿の西川藤吉に引き継がれた。

から大正時代にかけて御木本《みきもと》幸吉《こうきち》、西川藤吉《とうきち》、見瀬《みせ》辰平《たつへい》らがそれぞれに真円真珠をつくる方法を開発した。現在の主流は西川藤吉の「ピース式」で、アコヤガイの外套膜の一部を切り取って、貝殻を削って丸くした核とともに生殖巣に入れる。養殖期間は半年から2年である。

現在、真珠養殖に使われる母貝はアコヤガイ、シロチョウガイ、クロチョウガイ、マベ、アワビ、イケチョウガイの6種類である。とはいえ日本ではアコヤガイがほとんどで、長崎、愛媛、三重、熊本の4県で9割以上のシェアを占めている。その他の貝については、クロチョウガイが石垣島や西表島、マベが奄美大島、アワビが長崎県小値賀《おぢか》島、淡水産のイケチョウガイは琵琶湖、霞ヶ浦などでわずかに養殖されているにすぎない。

アコヤガイ真珠の養殖は核を挿入して、あとは放っておけばいいというものではない。核を入れたときに貝の体は傷つくので、回復するまで養生させたり、養殖カゴにつく海藻やフジツボを取り除いたり、水温が低下する秋から冬にかけては暖かい水域へ養殖カゴを移動させたりしなくてはならない。それでも養殖期間中に、全体の半数の貝が死んでしまい、生きのびたとしても商品価値のある真珠ができるのはその3割にすぎない。宝飾品の真珠は、まさに奇跡が生む輝きなのである。

海を泳ぐハダカカメガイは、体長4cmほど。北極海などの寒い海に生息し、獲物を捕食するときは頭部の触手を伸ばしてとらえる。

天使か悪魔かハダカカメガイ

海を泳ぐ貝

ほとんどの貝は海底を這ったり、岩礁に固着したりしているが、そうではない貝も存在する。それが海を浮遊する貝類だ。足をチョウの翅《はね》のように打ち振るって泳ぐハダカカメガイも、貝殻をもたない貝(裸殻翼足類)の一種である。

ハダカカメガイは、学名の「クリオネ」が俗称として一般化している。体長は4センチほど。外套膜《がいとうまく》は半透明なので、内蔵は透けて見える。北太平洋・大西洋の亜寒帯水域に生息し、夏期には三陸沖にも姿を現すことがある。かつては「氷の妖精」と呼ばれ、2対の触角と、羽のように突き出た左右のひれ(翼足)は、なるほど「妖精」の姿を連想させるかもしれない。しかし、ハダカカメガイは肉食性なので、その捕食の様子は、妖精のイメージにはふさわしくはないだろう。

同じ海域に浮遊する巻貝のミジンウキマイマイを見つけると、にわかに頭部から「口《こう》円錐《えんすい》(バッカル・コーン)」と呼ばれる6本の触手がにゅっと伸び、獲物をつかんで放さない!

外見とは裏腹に、グロテスクな生き物である。獲物を抱え込むと、時間をかけて養分を食いつくす。

巻末資料

海岸で拾いたい！

日本産「海の貝殻」ガイド

日本近海に産する貝殻のうち、ビーチコーミング（浜辺での漂着物拾い）で拾ってみたい主な貝殻を約140種ほど紹介する。打ち上がった貝殻は欠けていることもあり、必ずしもすべてが同定できるわけではない。しかし、同じ地域でも時期によって打ち上がる貝はさまざまあり、貝殻の特徴を知れば、驚くほどたくさんの種類の貝殻が漂着することがわかるだろう。

マツバガイ

Cellana nigrolineata

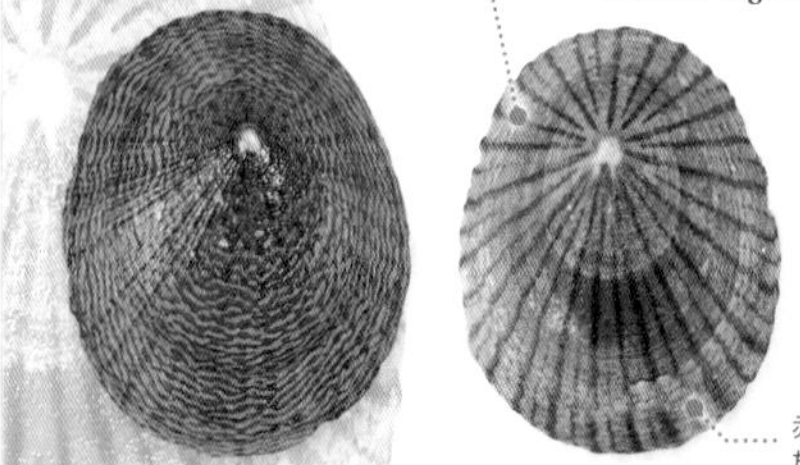

DATA ●松葉貝（ヨメガカサ科）●殻長 6 ～ 8cm ●房総半島・男鹿半島～九州南部 ●岩礁 ●放射状の模様だけではなく、網目状の模様の個体もある。

GASTROPODA

巻貝

漂着した巻貝は、螺塔や殻口が欠けていることが多く、完全な標本は珍しいかもしれない。また、タカラガイのように、滑層がはげてしまい、分類が難しい貝殻もあるだろう。

ウノアシ

Patelloida lanx

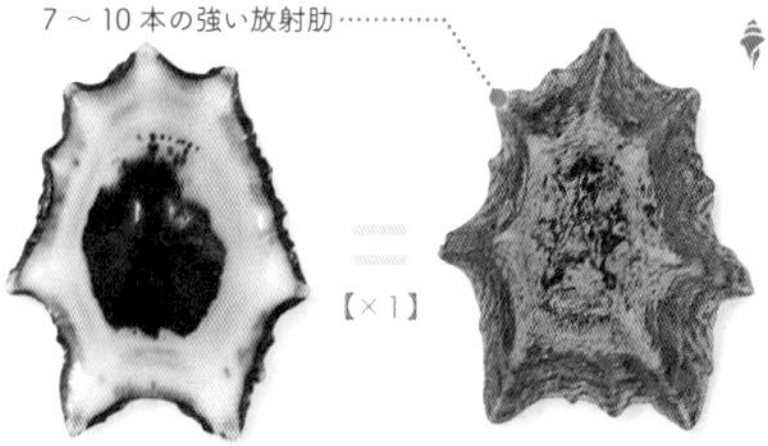

DATA ●鵜の足（ユキノカサガイ科）●殻長 3.5cm ●男鹿半島・房総半島～奄美群島 ●岩礁 ●すむ場所は一定で、干潮時になると餌を求めて動きまわり、「家」に帰る。

ツタノハガイ

Scutellastra flexuosa

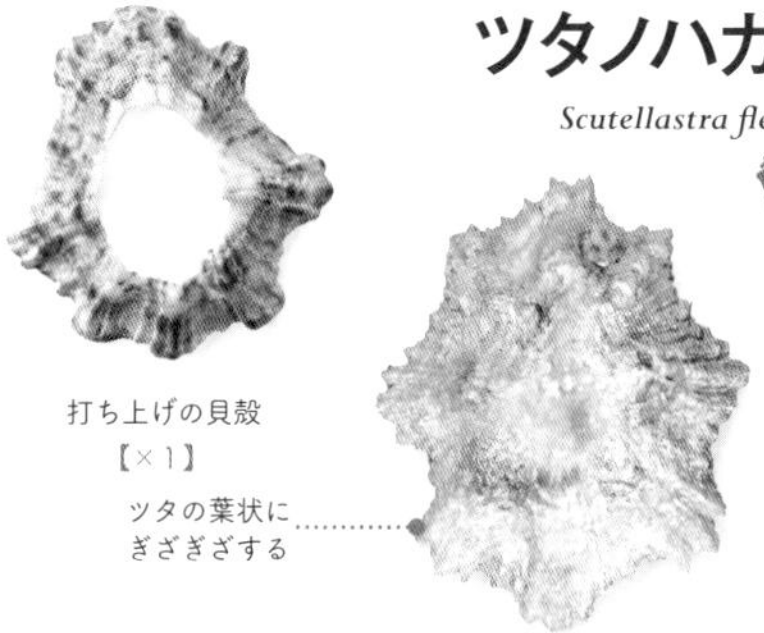

DATA ●蔦葉貝（ツタノハガイ科）●殻長 4 ～ 6cm ●房総半島・男鹿半島以南 ●岩礁 ●殻頂は低い。黄色で褐色斑があるが、付着物で汚れていることが多い。

アオガイ

Nipponacmea schrenckii

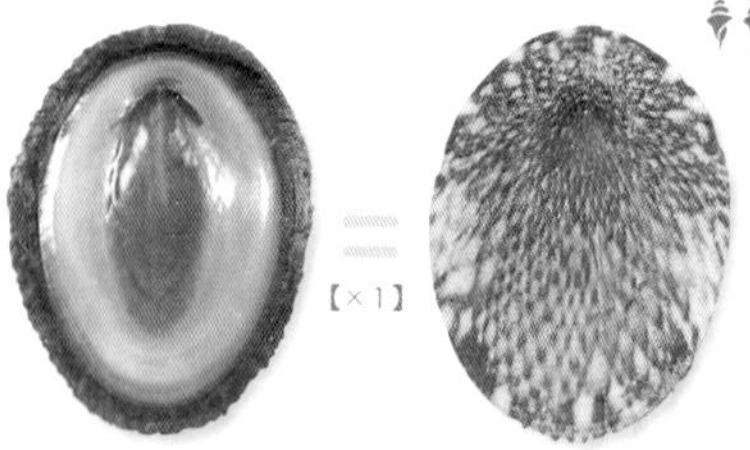

DATA ●青貝（ユキノカサガイ科）●殻長 3cm ●北海道南部～九州南部 ●岩礁 ●殻は低く、表面はなめらか。内側は青みがかった緑色。

ヨメガカサ

Cellana toreuma

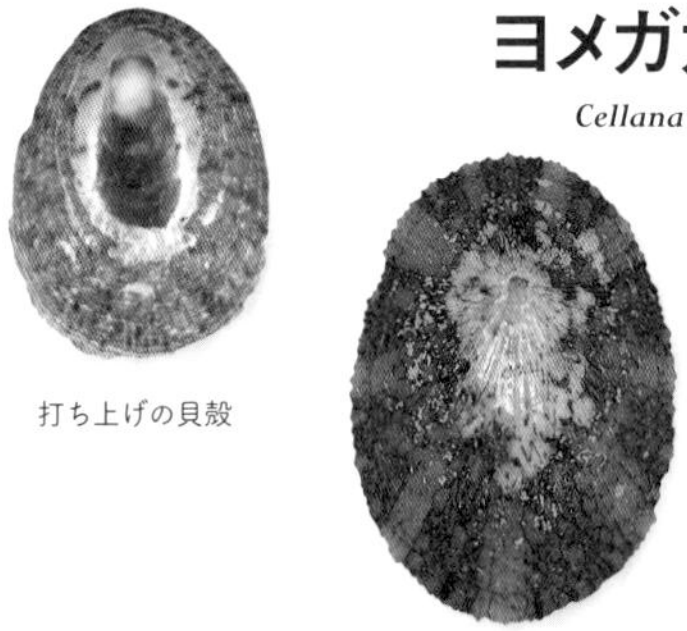

DATA ●嫁が笠（ヨメガカサ科）●殻長 4 ～ 6cm ●北海道南部～沖縄 ●岩礁 ●殻は前後に長く、細い放射肋が多数あるのでざらざらしている。色や模様は変異がある。

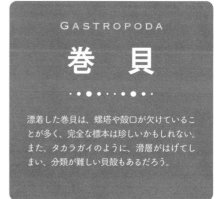

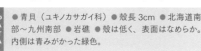

チグサガイ

Cantharidus japonicus

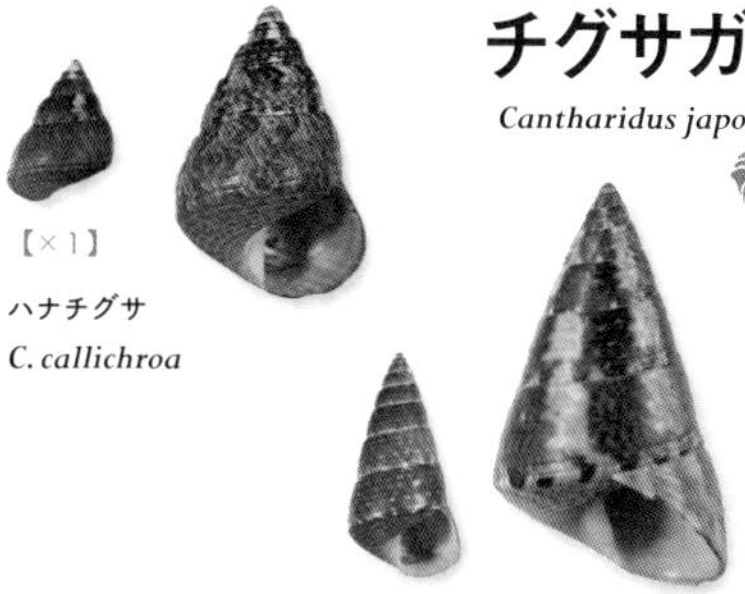

DATA ●千種貝（ニシキウズ科）●殻高 1.7cm ●北海道南部～九州 ●岩礁（海藻上）●整った円錐形で、色彩は変化に富む。ハナチグサは、小型で丸みがある。

ニシキウズ

Trochus maculatus

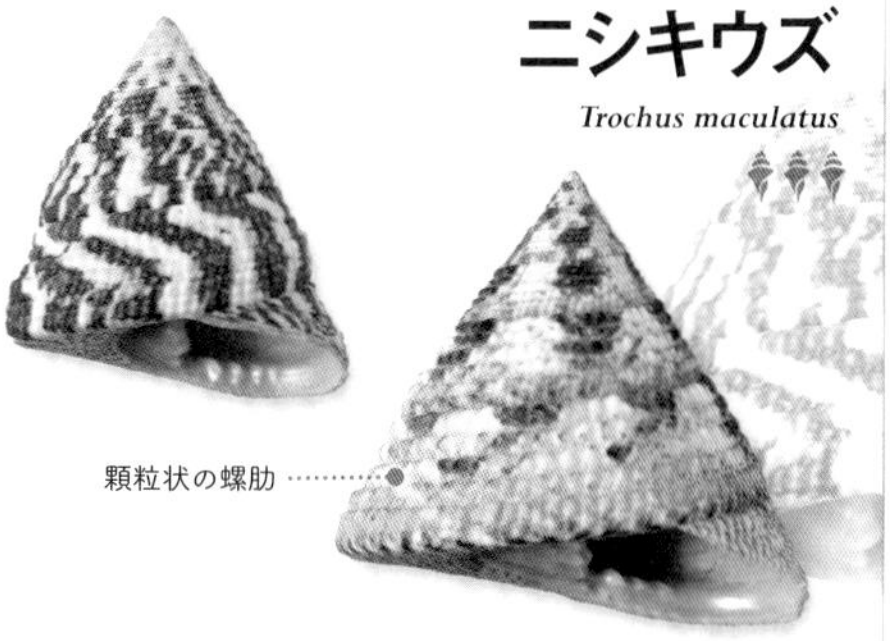

DATA ●錦渦（ニシキウズ科）●殻高 5cm ●紀伊半島以南 ●岩礁 ●底面周辺の角は鋭く、底面は少しくぼんでいる。螺肋はぶつぶつしている。

キサゴ

Umbonium costatum

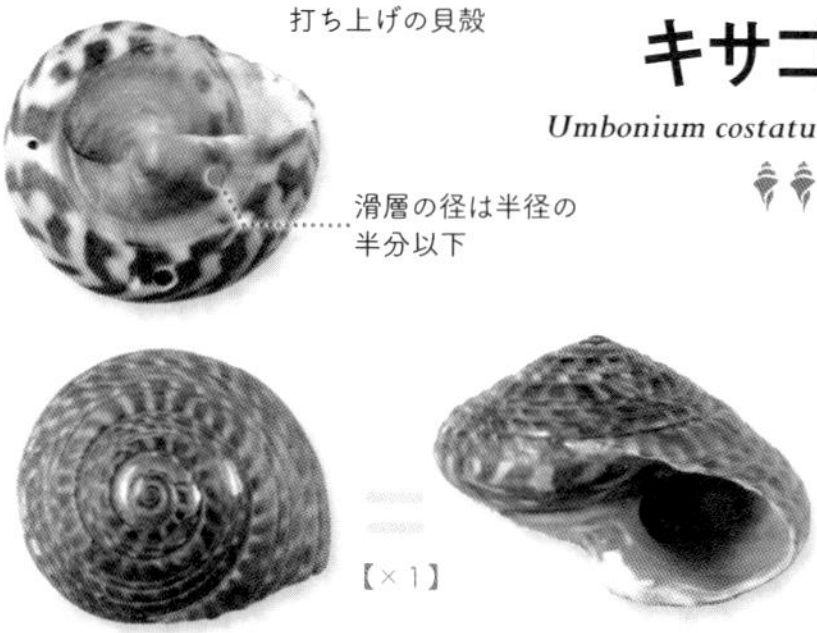

DATA ●喜佐古・細螺・扁螺（ニシキウズ科）●殻径 2.3cm ●北海道南部～九州 ●外洋の砂底 ●螺層には4～5本の螺肋が入る。肉は、やや苦みがある。

ウズイチモンジ

Trochus rota

DATA ●渦一文字（ニシキウズ科）●殻高 2.5cm ●房総半島・能登半島以南 ●岩礁 ●殻の底面周辺にこぶができて、歯車状になる。ニシキウズより小型。

イボキサゴ

Umbonium moniliferum

DATA ●疣細螺（ニシキウズ科）●殻径 2cm ●北海道南部～九州 ●内湾の砂底～砂泥底 ●縫合の下にいぼができる。殻底の滑層の面積はキサゴよりも広い。

イシダタミ

Monodonta labio confusa

DATA ●石畳（ニシキウズ科）●殻高 2cm ●北海道南部～九州 ●岩礁 ●殻は厚く、表面は石畳のように見える。よくヤドカリの家になっている。

ウラウズガイ

Astralium haematragum

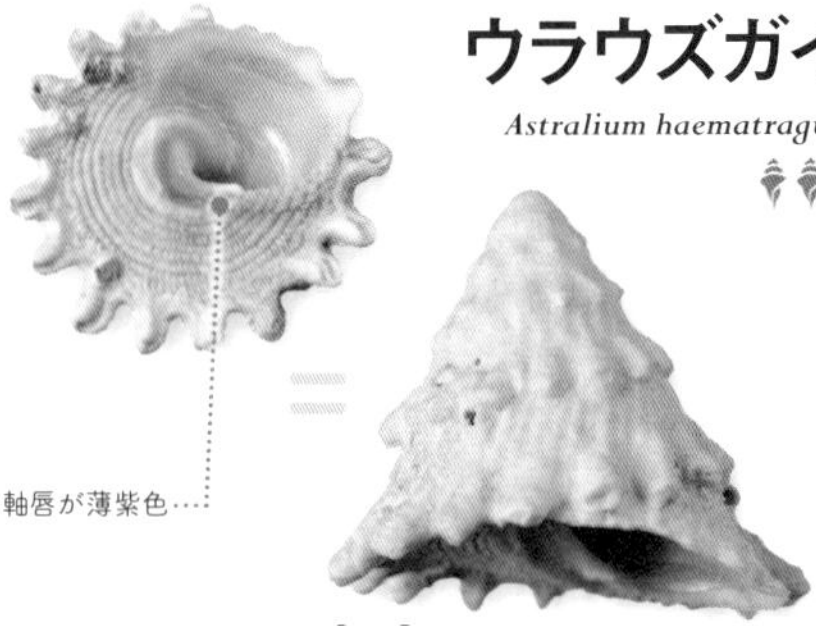

DATA ●裏渦貝（サザエ科）●殻高 2.8cm ●房総半島・男鹿半島以南 ●岩礁 ●殻は灰白色。底面はやや平らで、歯車状にトゲが突き出す。軸唇は紫色。

ダンベイキサゴ

Umbonium giganteum

DATA ●団平細螺（ニシキウズ科）●殻径 4cm ●男鹿半島・鹿島灘～九州南部 ●外洋の砂底 ●殻表を溶かして真珠層を表し、貝細工などに利用される。

バテイラ

Omphalius pfeifferi pfeifferi

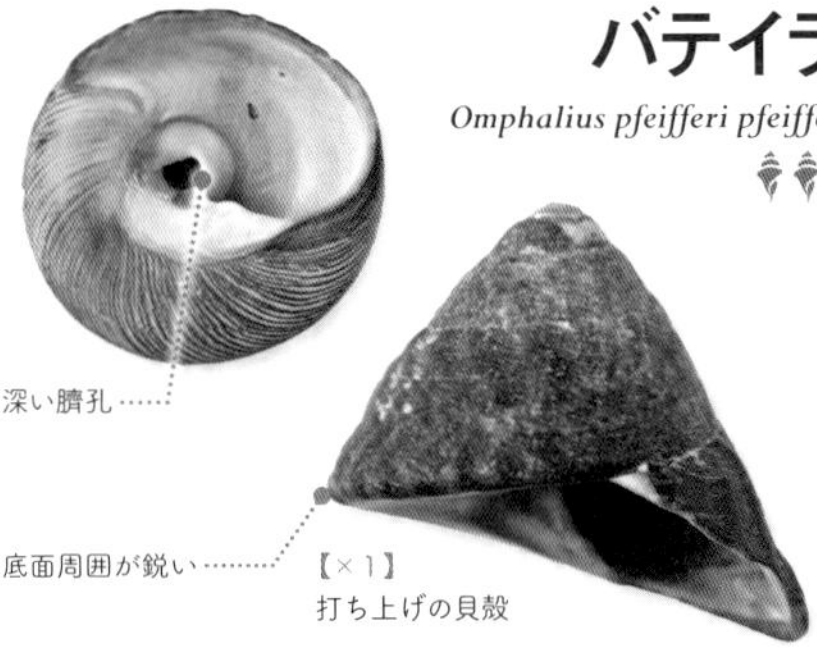

DATA ●馬蹄螺（バテイラ科）●殻高 4.5cm ●青森県以南の太平洋岸 ●岩礁 ●底面のまわりは鋭く角張る。「シッタカ（尻高）」などの名前で、食用とされている。

エビスガイ

Calliostoma unicum

DATA ●戎貝（エビスガイ科）●殻高 2.2cm ●北海道南部～九州 ●岩礁 ●殻表は螺肋が強い。雲状の斑点がある個体や、斑紋がとぼしい個体もある。

アシヤガイ

Granata lyrata

DATA ●芦屋貝（サンショウガイモドキ科）●殻高 2cm ●岩手県以南・男鹿半島以南 ●岩礁 ●体層が大きく、全体に平たい。螺肋の上に黒褐色の斑点が並ぶ。

サザエ

Batillus sazae

DATA ●栄螺・拳螺（サザエ科）●殻高 12cm ●北海道南部～九州 ●岩礁 ●管状のトゲがある個体とない個体がある。ふたは石灰質で厚く、小さなトゲが密生する。

スカシガイ

Macroschisma sinensis

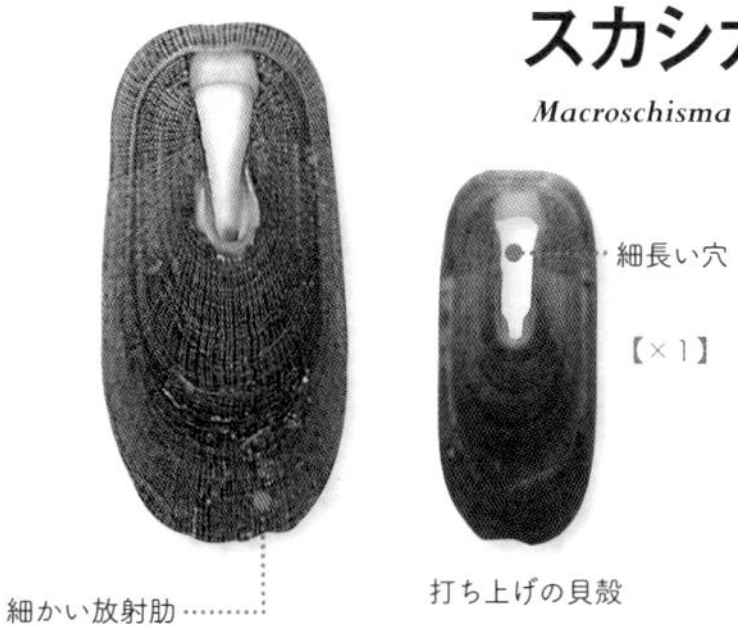

DATA ●透貝（スカシガイ科）●殻長 2cm ●岩手県・男鹿半島以南 ●岩礁 ●殻表は灰黒色～暗紅色。軟体部は大きく、殻内に収まりきれない。

トコブシ

Sulculus diversicolor aquatilis

DATA ●床伏（ミミガイ科）●殻長 7cm ●北海道南部～九州 ●岩礁 ●呼吸孔は7～8個で、管状に高くならないため、アワビ類と区別できる。肉は柔らかくておいしい。

アマオブネガイ

Nerita albicilla

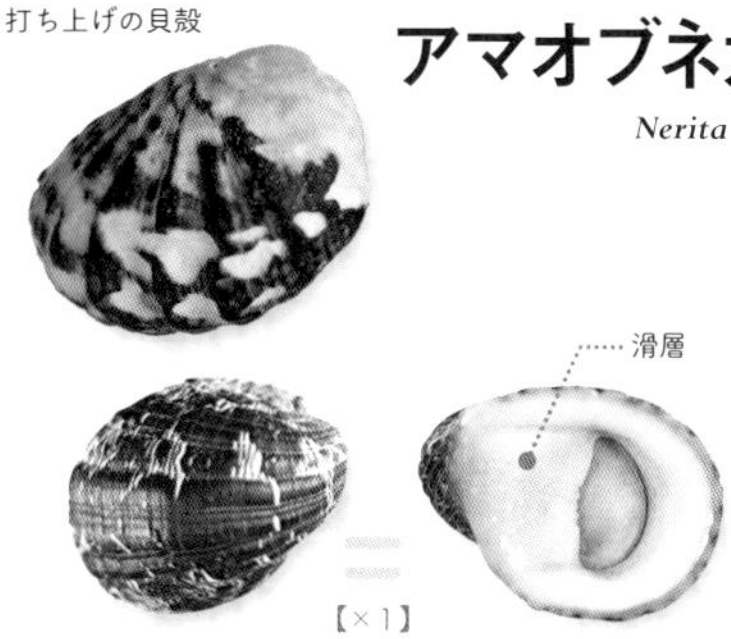

DATA ●蜑小舟貝（アマオブネガイ科）●殻高 2cm ●房総半島・山口県北部以南 ●岩礁 ●殻は半球形で、螺塔はそびえない。滑層がよく発達している。

クロアワビ

Nordotis discus

DATA ●黒鮑（ミミガイ科）●殻長 20cm ●茨城県以南、日本海全域～九州 ●岩礁 ●呼吸孔は4～5個で、管状になる。分布域が北のものはエゾアワビ。

アマガイ

Nerita japonica

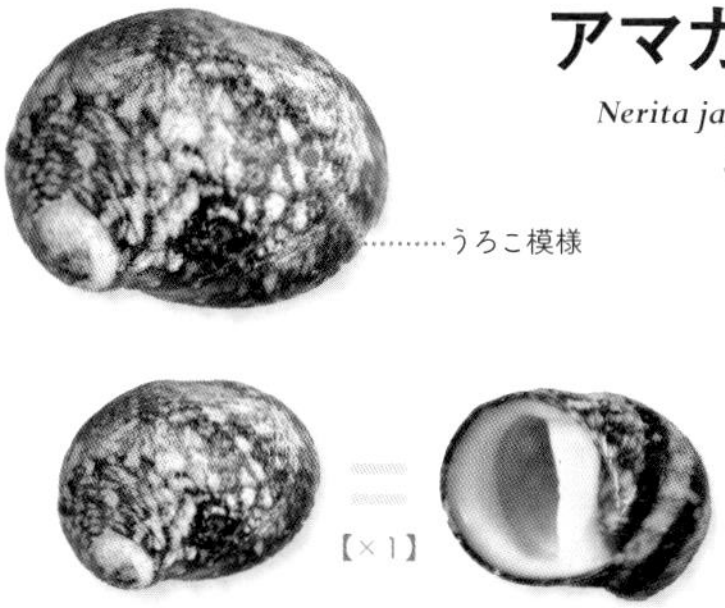

DATA ●蜑貝（アマオブネガイ科）●殻高 1.5cm ●本州以南 ●岩礁 ●殻表はなめらかで黄色みを帯びる。夏になると、岩の上に黄白色の卵嚢を産みつける。

クズヤガイ

Diodora sieboldii

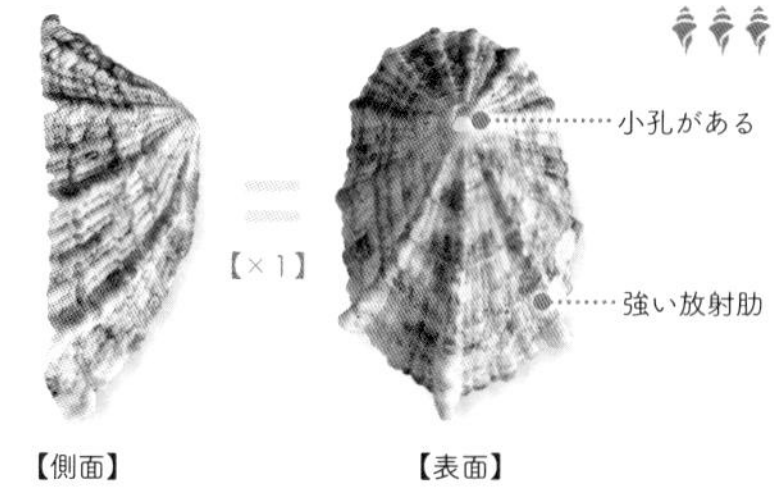

DATA ●葛屋貝（スカシガイ科）●殻長 2cm ●房総半島・佐渡以南 ●岩礁 ●殻頂に小さな穴があいている。11本前後の強い放射肋がある。

カワアイ
Pirenella pupiformis

DATA ●川合（キバウミニナ科）●殻高 5cm ●松島湾・山口県北部以南 ●内湾の泥底 ●殻表は、つぶつぶの顆粒が規則正しく並んでいる。地域により少産。

カニモリガイ
Rhinoclavis kochi

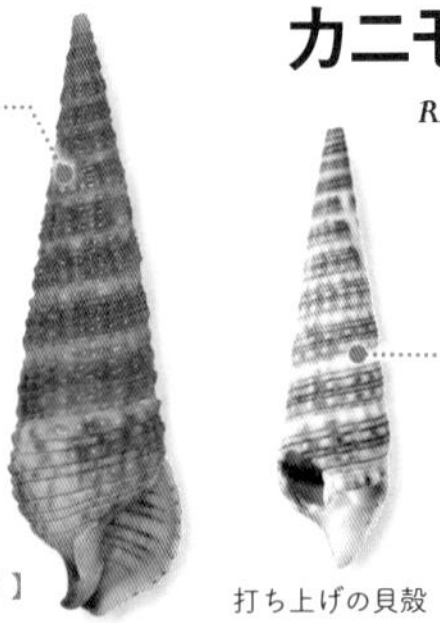

DATA ●蟹守貝（オニノツノガイ科）●殻高 4cm ●房総半島・男鹿半島以南 ●砂底 ●浜辺によく打ち上る。ヤドカリが殻を利用することが多いので、カニモリの名がある。

タマキビ
Littorina brevicula

DATA ●玉黍（タマキビ科）●殻高 1.5cm ●北海道〜沖縄 ●岩礁 ●殻は厚く、多くは体層に3〜5本の強い螺肋が走る。波しぶきがやっとかかるくらいのところにすむ。

ウミニナ
Batillaria multiformis

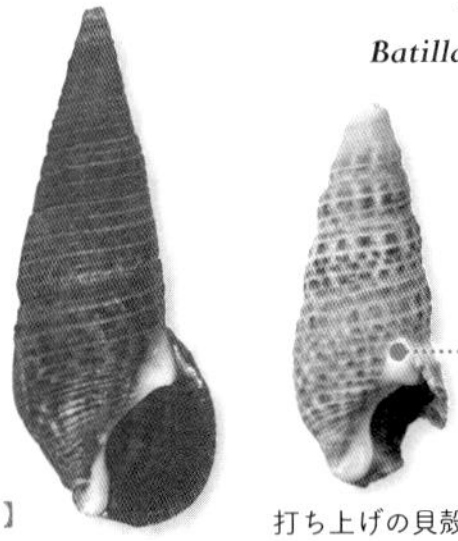

DATA ●海蜷（ウミニナ科）●殻高 3.5cm ●北海道南部〜九州 ●内湾の砂泥底 ●殻は厚くて石畳状。雑食性で、海藻も群がって食べる。地域により少産。

スズメガイ
Pilosabia trigona

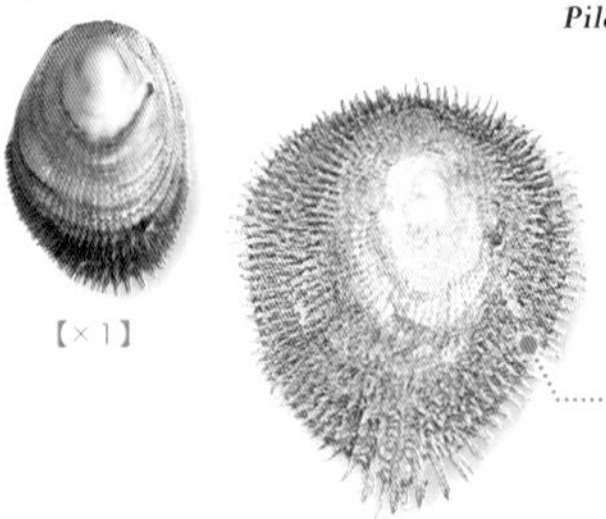

DATA ●雀貝（スズメガイ科）●殻径 2cm ●房総半島以南 ●岩礁 ●笠形の貝で、岩の上に固着している。細かい放射肋に輪肋が交差し、毛状になっている。

ゴマフニナ
Planaxis sulcatus

DATA ●胡麻斑蜷（ゴマフニナ科）●殻高 2.5cm ●房総半島以南 ●岩礁 ●殻表は黒褐色で白斑が散る。螺肋は太い。

オオヘビガイ

Thylacodes adamsii

DATA ●大蛇貝（ムカデガイ科）●殻長約 5cm ●北海道南部～九州 ●岩礁 ●岩に固着して成長するので殻の形は不定形。肉は甘みがあり、食べられる。

ウストンボガイ

Terebellum terebellum delicatum

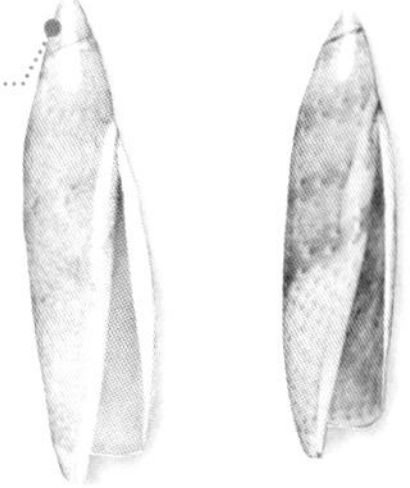

DATA ●薄蜻蛉貝（トンボガイ科）●殻高 5cm ●房総半島・能登半島～九州 ●砂底 ●殻は淡黄色の地に、黄褐色と黒褐色の模様が入る。トンボガイは沖縄以南。

ハチジョウダカラ

Mauritia mauritiana

DATA ●八丈宝（タカラガイ科）●殻高 11cm ●三浦半島以南 ●岩礁 ●黒褐色の殻に黄白色の輪紋がちらばる。別名をコヤスガイ（子安貝）といい、安産のお守りにも。

シドロ

Doxander japonicus

DATA ●しどろ（ソデボラ科）●殻高 7cm ●房総半島～九州 ●砂底 ●外唇がそで状にひろがる。海底をジグザグに移動する様子が、「しどろもどろ」と形容された。

ヤクシマダカラ

Mauritia arabica

DATA ●屋久島宝（タカラガイ科）●殻高 8.5cm ●房総半島・島根半島以南 ●岩礁 ●背面には褐色の朽木のような縦縞模様があり、側面には褐色斑がある。

アワブネガイ

Crepidula gravispinosus

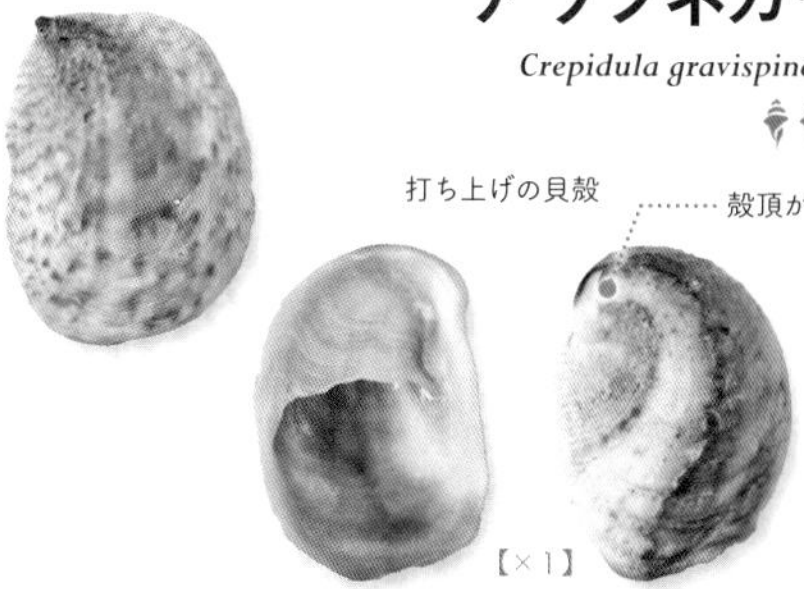

DATA ●安房船貝（カリバガサ科）●殻径 2cm ●房総半島・佐渡以南 ●岩礁 ●岩礁やアワビの殻に付着する。近縁のシマメノウフネガイは北アメリカからの移入種。

ナツメモドキ

Erronea errones

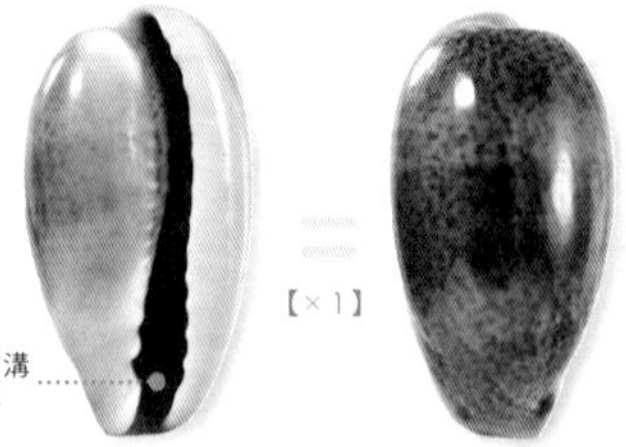

D A T A ●棗擬き（タカラガイ科）●殻高 3.5cm ●銚子・山口県北部以南 ●岩礁・サンゴ礁 ●背面の中央に大きな褐色斑がある。殻口前溝が広い。

ホシダカラ

Cypraea tigris

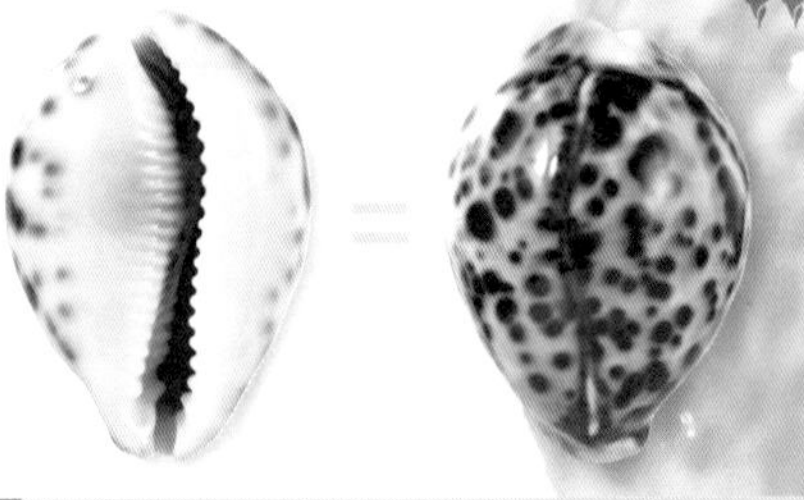

D A T A ●星宝（タカラガイ科）●殻高 11cm ●三浦半島・山口県北部以南 ●岩礁・サンゴ礁 ●背面から側面にかけて白色～淡褐色。ヒョウ柄に似た黒い斑点がちらばる。

メダカラ

Purpuradusta gracilis

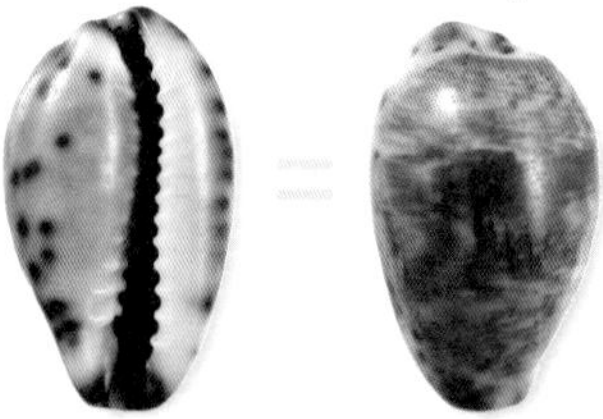

D A T A ●眼宝（タカラガイ科）●殻高 2cm ●陸奥湾以南 ●岩礁・サンゴ礁 ●背面に褐色の斑点があり、側面から腹面にかけて黒い小さな斑点がちらばる。

ホシキヌタ

Lyncina vitellus

D A T A ●星砧（タカラガイ科）●殻高 7.5cm ●房総半島・山口県北部以南 ●岩礁・サンゴ礁 ●背面から側面にかけて白い斑点がちる。側面には細い線の紋様がある。

チャイロキヌタ

Palmadusta artuffeli

D A T A ●茶色砧（タカラガイ科）●殻高 2cm ●房総半島・男鹿半島～沖縄・小笠原諸島 ●岩礁 ●背面は黄褐色～紫褐色で、2本の淡い色帯が入る。

クチグロキヌタ

Erronea onyx

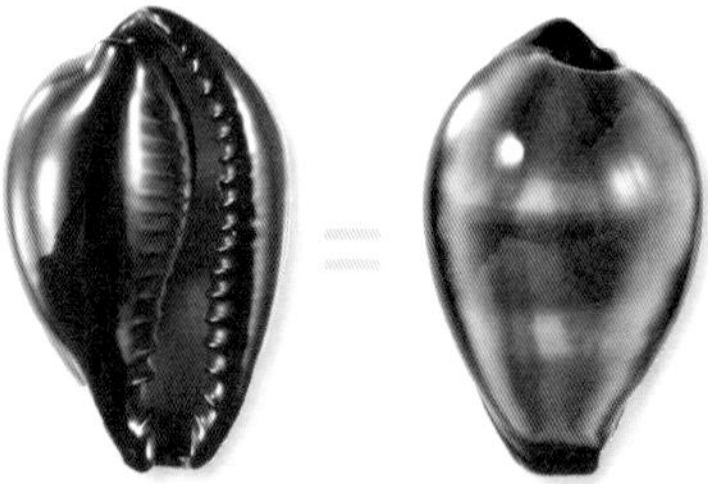

D A T A ●口黒砧（タカラガイ科）●殻高 4.5cm ●房総半島・島根半島以南 ●岩礁・泥底 ●褐色の背面に2本の淡い帯が入る。腹面は漆を塗ったように真っ黒。

アヤメダカラ

Erosaria poraria

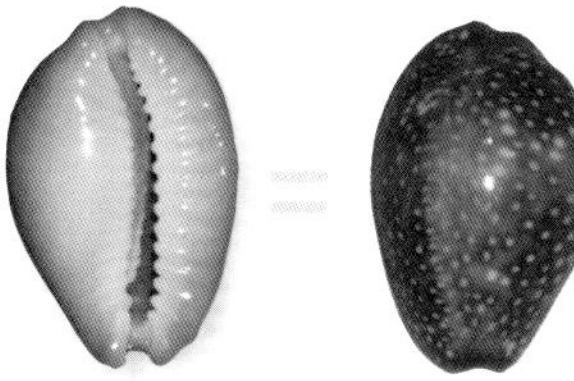

DATA ●菖蒲宝（タカラガイ科）●殻高 2.5cm ●房総半島・島根半島以南 ●岩礁・サンゴ礁 ●背面は褐色の地に白い斑点がちらばり、腹面は紫色。

ウキダカラ

Palmadusta asellus

DATA ●浮宝（タカラガイ科）●殻高 3cm ●房総半島以南 ●岩礁・サンゴ礁 ●白色の背面に3本の黒い帯が入る。

カモンダカラ

Erosaria helvola

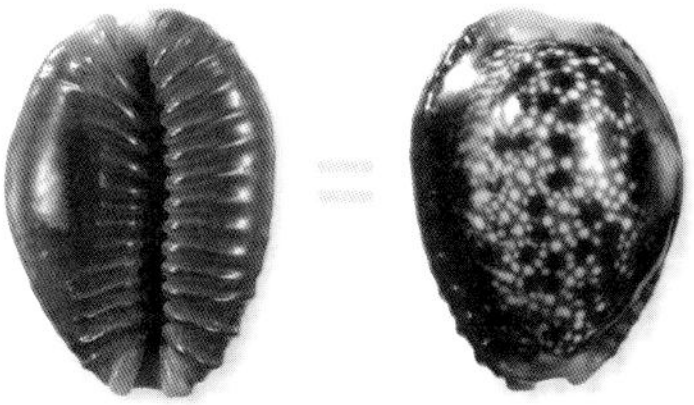

DATA ●花紋宝（タカラガイ科）●殻高 3cm ●房総半島・能登半島以南 ●岩礁・サンゴ礁 ●背面は黄褐色と白色の斑紋がちらばる。腹面は橙褐色～赤褐色。

ハツユキダカラ

Erosaria miliaris

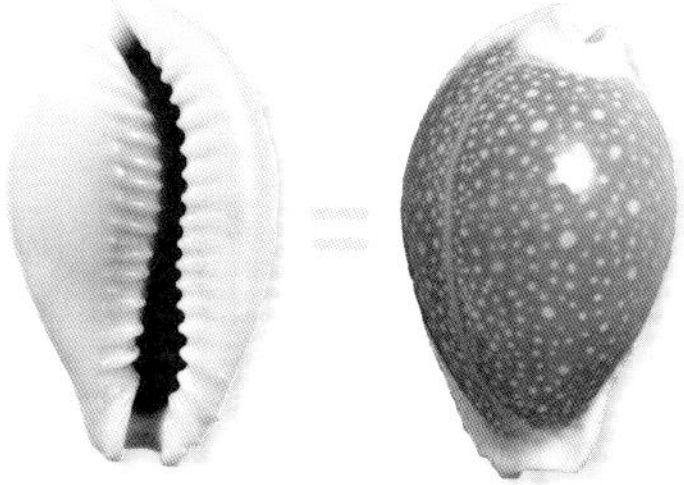

DATA ●初雪宝（タカラガイ科）●殻高 4.5cm ●房総半島・能登半島以南 ●岩礁・砂礫底 ●黄褐色の背面に小さな白い斑点がちらばる。腹面は白い。

ハナビラダカラ

Monetaria annulus

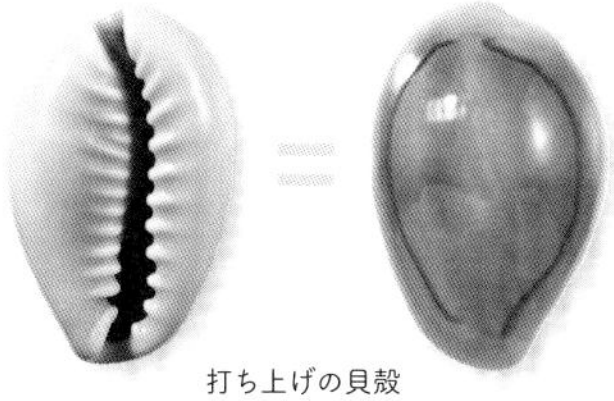

打ち上げの貝殻

DATA ●花弁宝（タカラガイ科）●殻高 3cm ●房総半島・男鹿半島以南 ●岩礁・サンゴ礁 ●淡灰色の背面に橙色の輪紋がある。

オミナエシダカラ

Erosaria boivinii

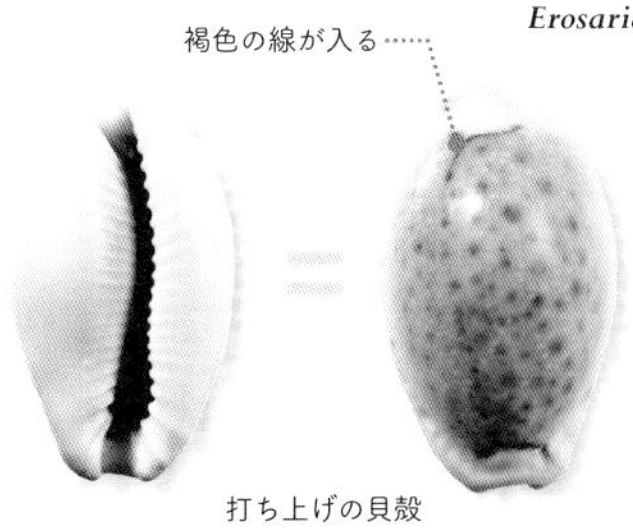

打ち上げの貝殻

DATA ●女郎花宝（タカラガイ科）●殻高 4cm ●房総半島・山口県北部以南 ●岩礁・砂底・サンゴ礁 ●背面は乳白色の滑層がおおうので、チチカケナシジダカラの異名がある。

サメダカラ

Staphylaea staphylaea

打ち上げの貝殻

DATA ● 鮫宝（タカラガイ科）● 殻高 2.5cm ● 房総半島・島根半島以南 ● 岩礁 ● 背面の白班はいぼ状になる。内唇から側面にかけてひだがのびる。

キイロダカラ

Monetaria moneta

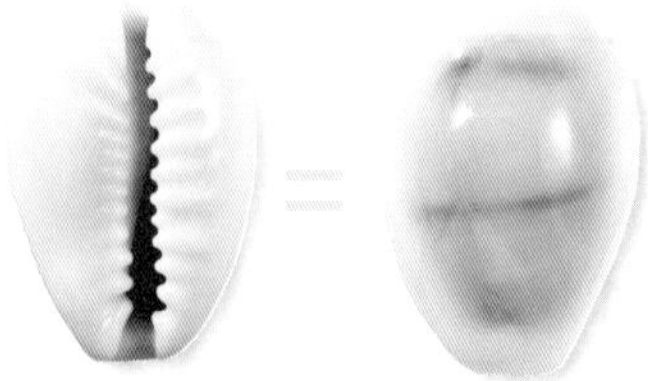

打ち上げの貝殻

DATA ● 黄色宝（タカラガイ科）● 殻高 3.5cm ● 房総半島・島根半島以南 ● 岩礁・サンゴ礁 ● 黄白色で、地域によって側面が強く角張る。

ウチヤマタマツバキ

Polinices sagamiensis

DATA ● 内山玉椿（タマガイ科）● 殻高 4cm ● 相模湾・男鹿半島以南 ● 砂底 ● 殻は光沢があり、厚い。白地の体層に褐色の帯をめぐらす。

ハナマルユキ

Ravitrona caputserpentis

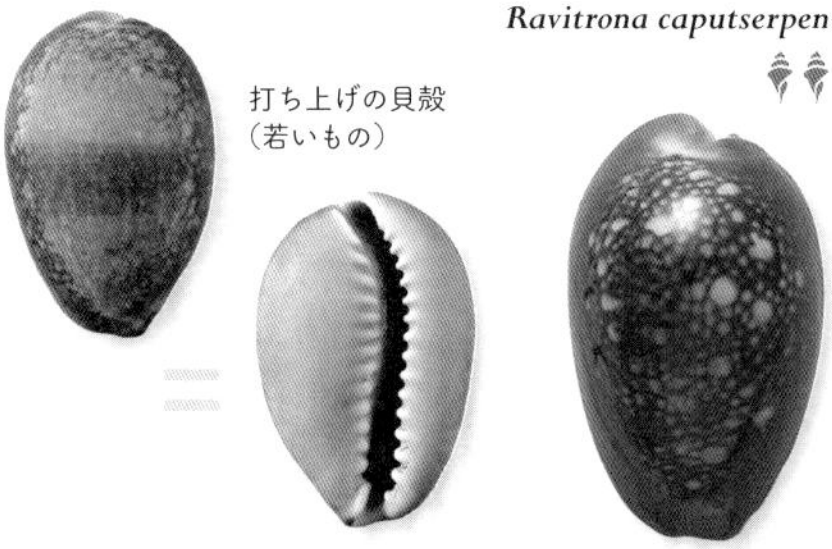

DATA ● 花丸雪（タカラガイ科）● 殻高 4cm ● 房総半島・飛島（山形県）以南 ● 岩礁・サンゴ礁 ● 背面は白班がちらばる。側面の暗褐色部分は角張る。

ツメタガイ

Glossaulax didyma

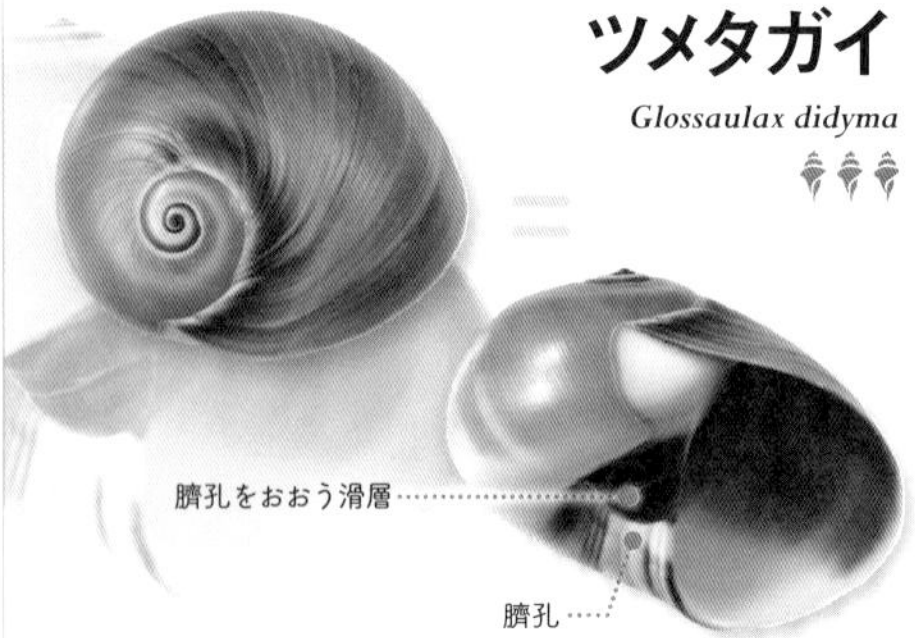

DATA ● 津免多貝／研螺貝（タマガイ科）● 殻高 5cm ● 北海道南部以南 ● 砂底 ● 滑層が臍孔を半分くらいおおう。貝類を襲い、穴をあけて肉を食べる二枚貝の害敵。

シボリダカラ

Staphylaea limacina

打ち上げの貝殻

DATA ● 絞宝（タカラガイ科）● 殻高 3.5cm ● 房総半島・能登半島以南 ● 岩礁・サンゴ礁 ● サメダカラに似ているが、腹面のしわもあまり伸びない。

カズラガイ

Phalium flammiferum

DATA
●蔓貝／葛貝（トウカムリ科）●殻高 7.5cm ●房総半島以南 ●砂底 ●殻は厚く、褐色の縦縞が入る。螺塔は布目状で、体層の中央はなめらか。

ネズミガイ

Mammilla simiae

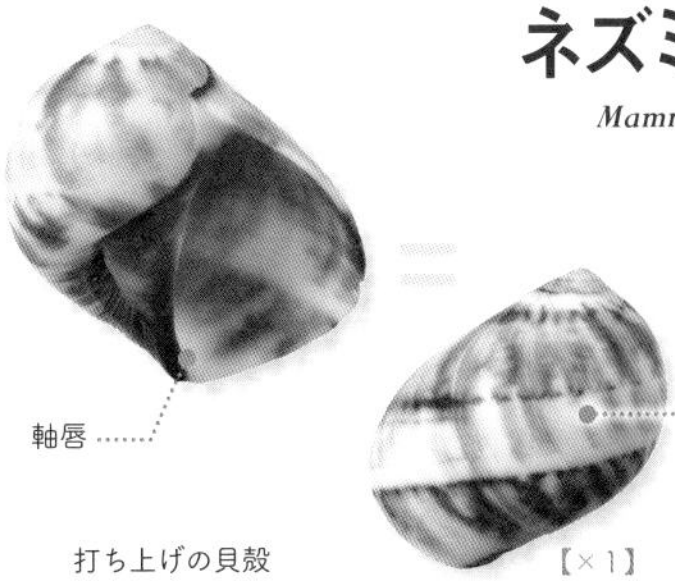

DATA
●鼠貝（タマガイ科）●殻高 2.5cm ●房総半島以南 ●砂底 ●殻は薄くて縦に長く、体層はふくらむ。臍孔はほぼ閉じていて、軸唇は暗褐色。

ヤツシロガイ

Tonna luteostoma

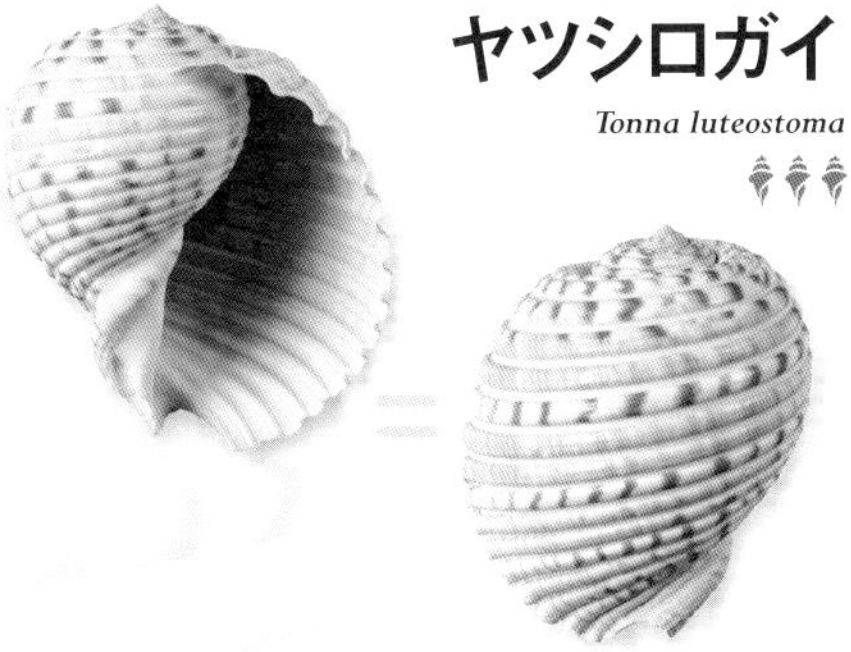

DATA
●八代貝（ヤツシロガイ科）●殻高 12cm ●北海道南部以南 ●砂底 ●殻は薄く、丸みがある。太い螺肋には褐色の斑点がある。

エゾタマガイ

Cryptonatica janthostomoides

DATA
●蝦夷玉貝（タマガイ科）●殻高 4cm ●北海道南部～九州 ●砂泥底 ●殻は丸みがあり、体層と肩に淡い色の帯をめぐらす。

カコボラ

Cymatium parthenopeum

DATA
●加古法螺（フジツガイ科）●殻高 12cm ●房総半島・新潟県以南 ●岩礫底 ●長い毛の殻皮をかぶる。黒褐色の軸唇には、白いひだがある。

オキニシ

Bursa bufonia dunkeri

DATA
●沖辛螺（オキニシ科）●殻高 7cm ●房総半島以南 ●岩礁 ●殻は厚く、左右に縦張肋が張り出し、押しつぶされたような形になる。螺肋は、こぶになる。

オダマキ

Epitonium auritum

DATA ● 苧環（イトカケガイ科）● 殻高 3cm ● 房総半島・能登半島以南 ● 砂底 ● 縦肋は白く、太さ・細さが不規則。螺層には3本の濃褐色の帯が走る。

ボウシュウボラ

Charonia lampas sauliae

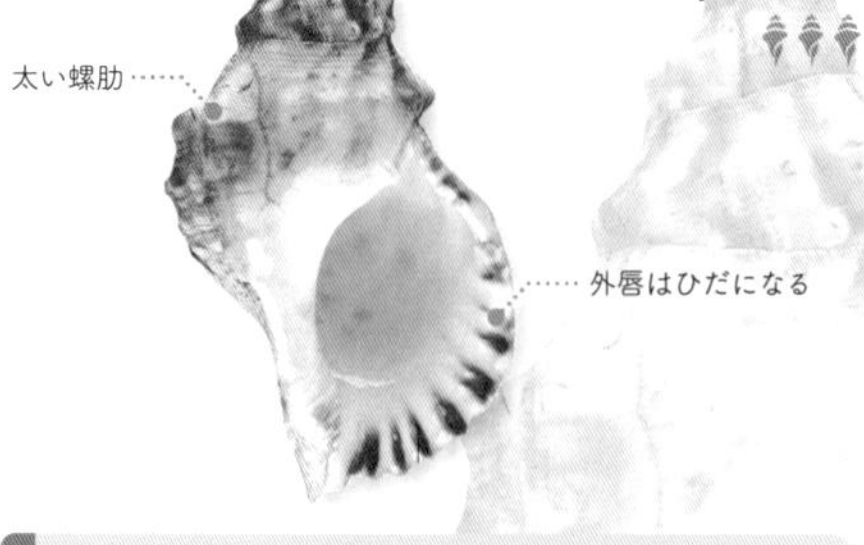

DATA ● 房州法螺（フジツガイ科）● 殻高 20cm ● 房総半島・山口県以南 ● 岩礁 ● 外唇の縁はひだになり、黒褐色。肉食性の貝で、ウニやヒトデを食べる。

アサガオガイ

Janthina janthina

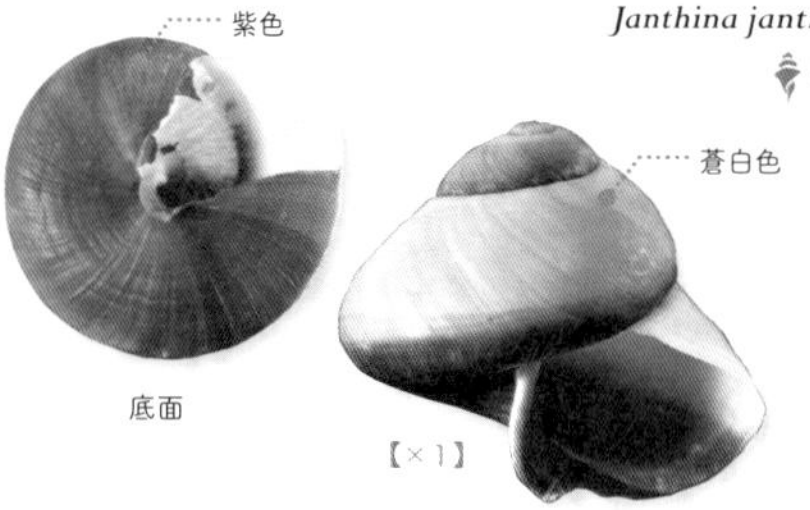

DATA ● 朝顔貝（アサガオガイ科）● 殻高 2.5cm ● 全世界の暖流域 ● 浮遊 ● 殻は薄くて軽い。大風の後などに浜辺に打ち上がる。

キリオレ

Viriola tricincta

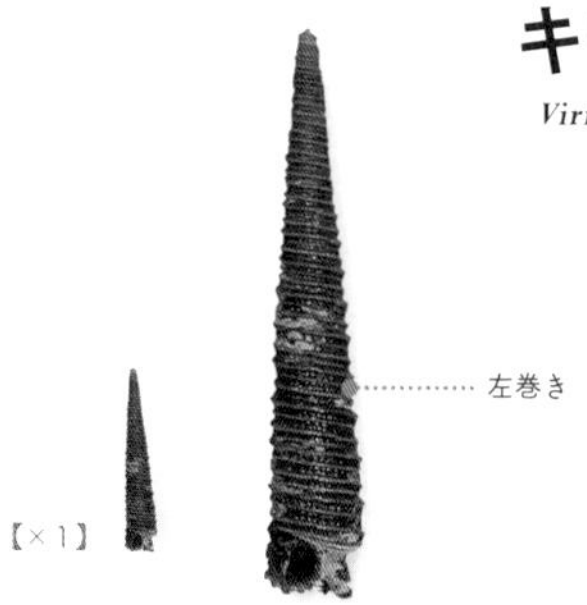

DATA ● 錐折（ミツクチキリオレ科）● 殻高 1.5cm ● 房総半島・男鹿半島～沖縄 ● 岩礫底 ● 殻表は褐色で左巻き。錐（きり）のように細長い。

フトコロガイ

Euplica versicolor

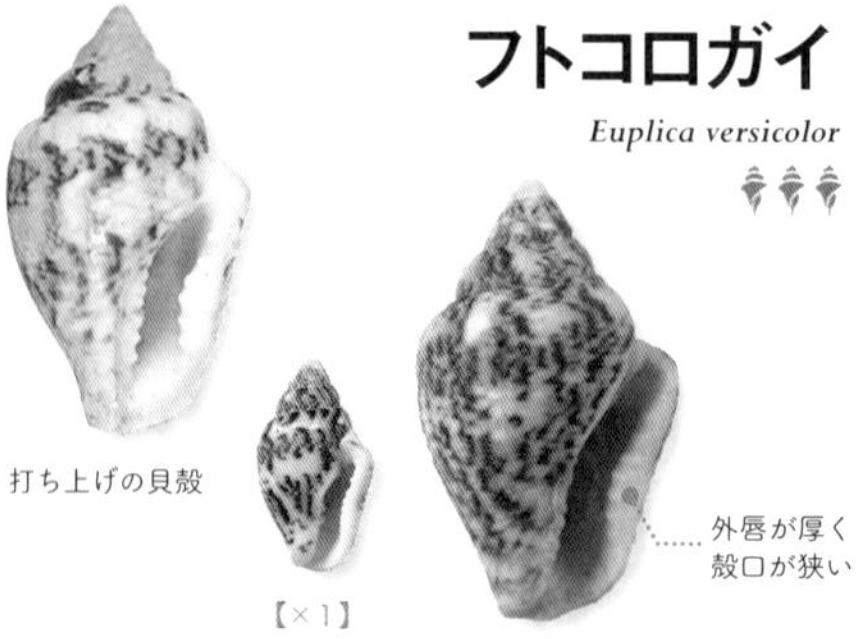

DATA ● 懐貝（フトコロガイ科）● 殻高 1.5cm ● 房総半島以南 ● 岩礁（藻類の上）● 殻は厚く、肩がやや張る。外唇が厚く、せばまる。殻表は黒褐色のかすり状。

ネジガイ

Gyroscala lamellosa

セキモリ
Epitonium robillardi

DATA ● 螺子貝（イトカケガイ科）● 殻高 2.5cm ● 房総半島以南 ● 岩礁 ● 殻は厚く、殻表は白色で光沢がある。殻頂から体層まで伸びる縦肋が板状になる。

ムシロガイ

Niotha livescens

DATA
●筵貝（ムシロガイ科）●殻高 1.5 ～ 2cm ●三陸以南、日本海 ●砂底 ●縦肋と螺肋が交わってムシロ状の彫刻になる。腐肉食性。

アラムシロ

Niotha festivus

【×1】

打ち上げの貝殻

DATA
●荒莚（ムシロガイ科）●殻高 2cm ●北海道南部以南 ●内湾の泥底 ●縦肋は太くて白く、螺溝は暗褐色。外唇は厚い。ムシロガイよりも、いぼが粗い。

ヨフバイ

Telasco sufflatus

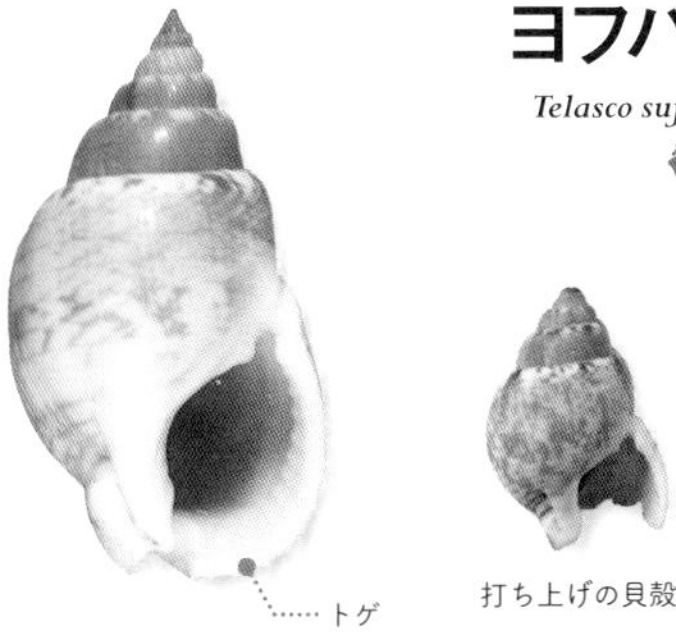

打ち上げの貝殻

DATA
●餘賦蛽（ムシロガイ科）●殻高 2cm ●三陸以南 ●砂底 ●殻表はにぶい光沢があり、つるつる。体層は丸い。淡褐色のあじろ模様がある。

マツムシ

Pardalinops testudinaria tylerae

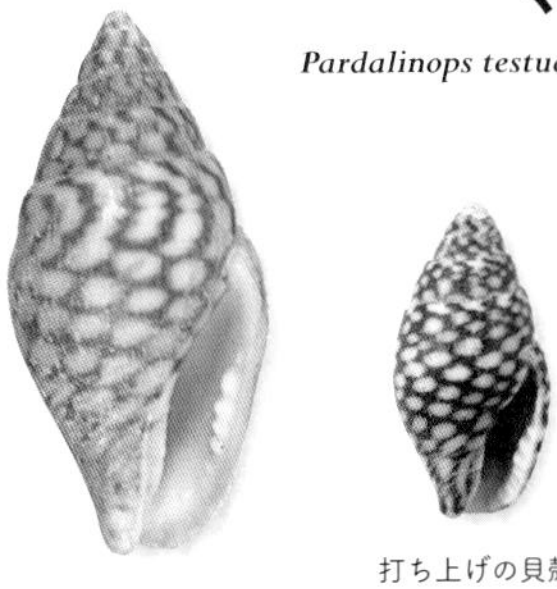

【×1】

打ち上げの貝殻

DATA
●松虫（フトコロガイ科）●殻高 1.5cm ●房総半島～九州 ●岩礁（海藻上）●殻は白地で、褐色の網目模様をもつ。

ボサツガイ

Anachis misera misera

【×1】

打ち上げの貝殻

DATA
●菩薩貝（フトコロガイ科）●殻高 1.5cm ●房総半島～九州 ●岩礁（海藻上）●雲状の褐色帯をもつ。縦肋はやや太く、肋の上だけに黒褐色斑がある。

アラレガイ

Niotha conoidalis

【×1】

DATA
●霰貝（ムシロガイ科）●殻高 2 ～ 2.5cm ●房総半島以南 ●砂底 ●殻はよくふくれ、縦肋が螺溝によって区切られていぼのようになる。殻口内に強い肋がある。

バイ

Balylonia japonica

打ち上げの貝殻

DATA ●蝞（バイ科）●殻高 7cm ●北海道南部～九州 ●砂泥底 ●殻は白地で紫褐色斑がちらばり、殻皮をかぶる。打ち上げの貝の斑紋は橙色に見えることが多い。

ミクリガイ

Siphonalia cassidariaeformis

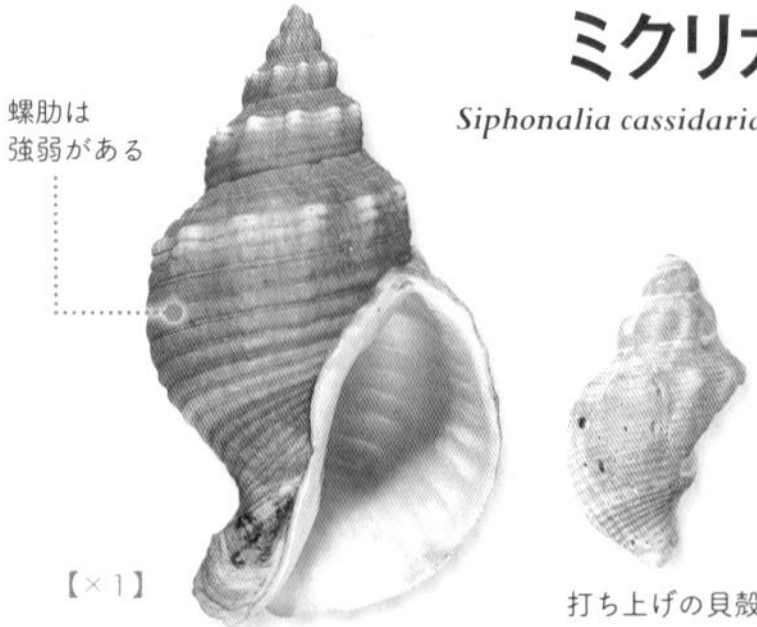

打ち上げの貝殻

DATA ●実栗貝（エゾバイ科）●殻高 4cm ●本州～九州 ●砂底 ●螺塔は小さく体層は大きい。灰白色から濃褐色まで変異がある。水管溝が強く曲がる。

ヒメヨウラク

Ergalatax contractus

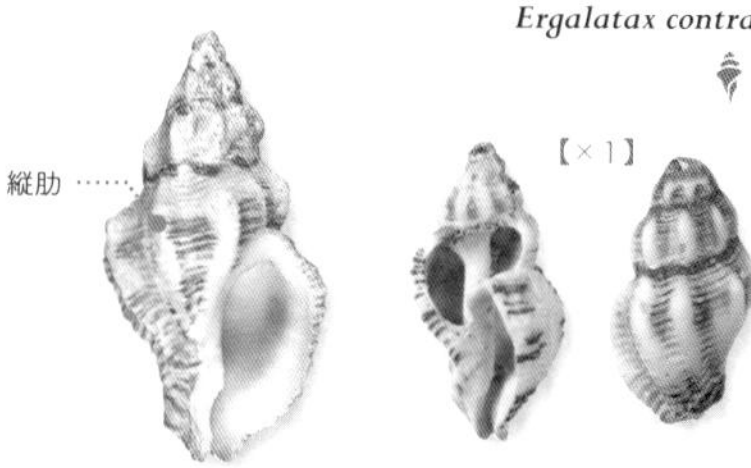

打ち上げの貝殻

DATA ●姫瓔珞（アッキガイ科）●殻高 2.5 ～ 3.0cm ●北海道南部以南 ●岩礁 ●縦肋は太く、螺肋は細くて密。螺肋の間の溝は褐彩する。

テングニシ

Hemifusus tuba

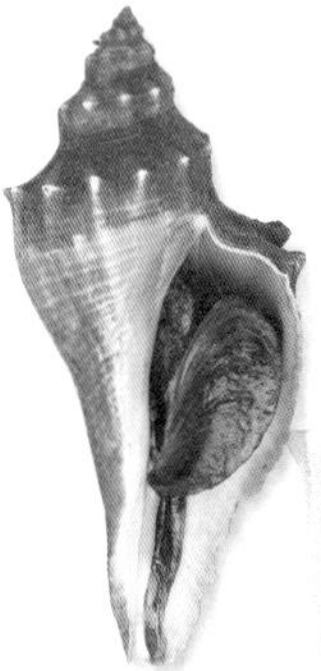

DATA ●天狗辛螺（テングニシ科）●殻高 14cm ●房総半島以南 ●砂底 ●殻は淡紅色で、全面にビロード状の殻皮をかぶる。卵嚢は「うみほおずき」。肉は食用になる。

レイシガイ

Reishia bronni

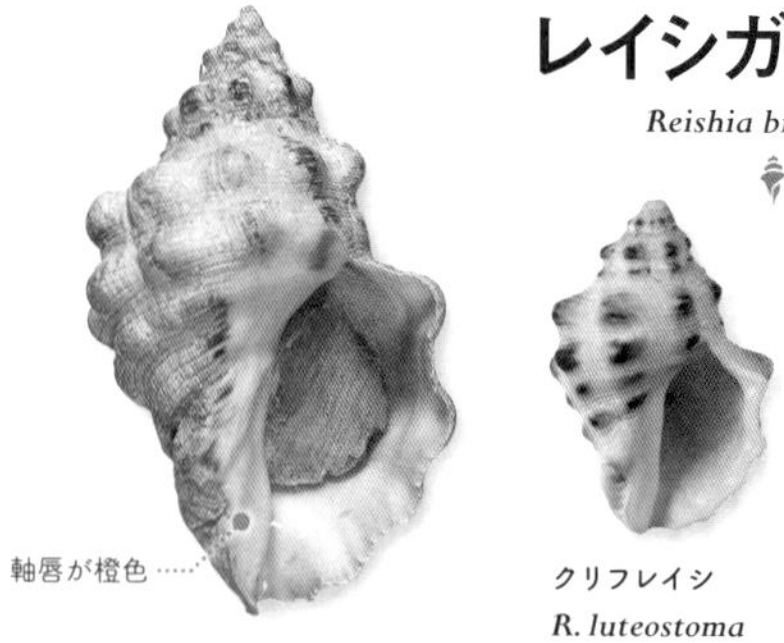

クリフレイシ
R. luteostoma

DATA ●茘枝貝（アッキガイ科）●殻高 6cm ●北海道南部、男鹿半島以南 ●岩礁 ●螺肋が丸いこぶ状になる。クリフレイシは、そのこぶが黒くとがる。

ヒメイトマキボラ

Pleuroploca trapezium paeteli

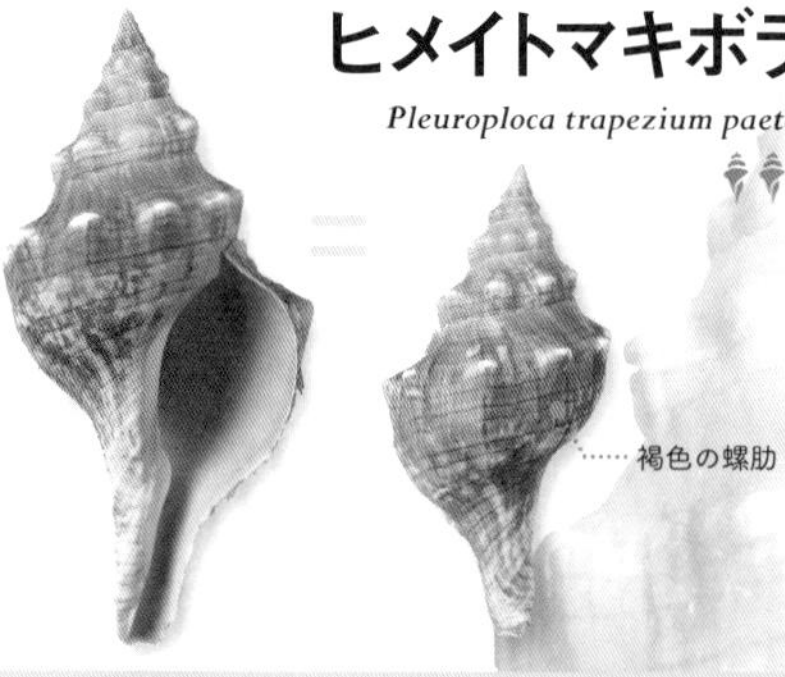

DATA ●姫糸巻法螺（イトマキボラ科）●殻高 12cm ●房総半島以南 ●砂礫底 ●赤褐色の螺状線がある。熱帯産のイトマキボラよりもなで肩。

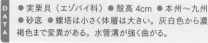

ヤタテガイ

Strigatella scutula

DATA
●矢立貝（フデガイ科）●殻高 4cm ●房総半島以南 ●岩礁 ●殻は厚く、黒地に不規則な黄斑模様がある。模様や形が異なる近似種も多い。

イボニシ

Reishia clavigera

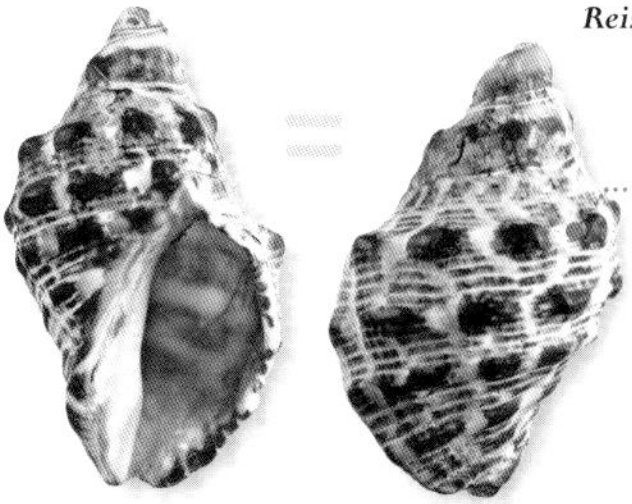

DATA
●疣辛螺（アッキガイ科）●殻高 3cm ●北海道南部、男鹿半島以南 ●岩礁 ●殻は灰青色で、外唇内縁は黒い。マガキやフジツボ類に穴をあけて食べる。

ハマヅト

Costellaria exasperatum

DATA
●浜苞（ミノムシガイ科）●殻高 3cm ●伊豆半島以南 ●砂底 ●白色の殻に間隔の空いた縦肋があり、暗褐色の帯は縦溝で切られる。

アカニシ

Rapana venosa

DATA
●赤辛螺（アッキガイ科）●殻高 10cm ●北海道南部以南 ●砂泥底 ●殻口が広く、内側が赤い。肉は食用となり、やや堅いがおいしい。

ホタルガイ

Olivella japonica

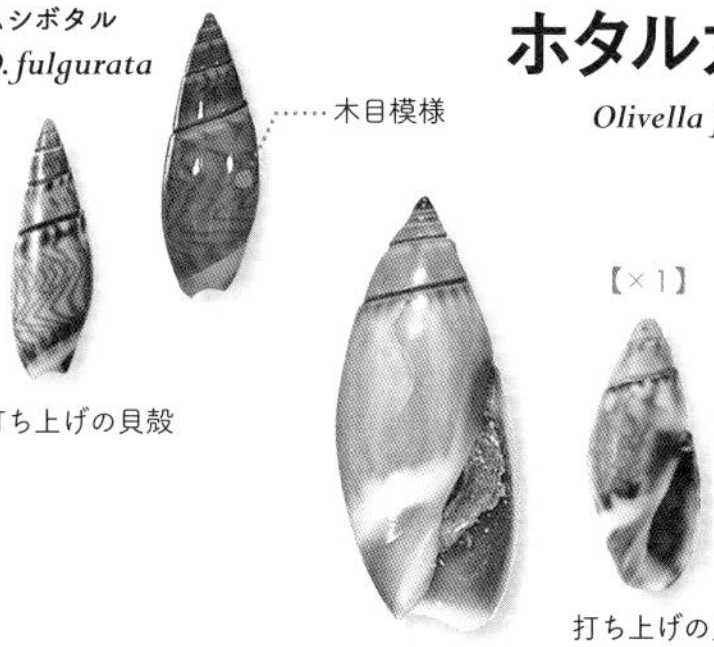

DATA
●蛍貝（ホタルガイ科）●殻高 2cm ●房総半島・山口県北部～九州 ●砂底 ●殻表に光沢があり、白地に不規則な褐色の縦縞がある。ムシボタルは 1cm ほど。

フデガイ

Mitra inquinata

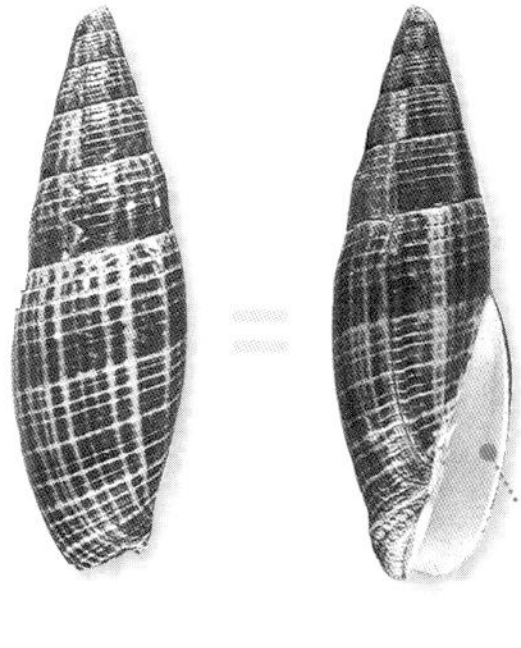

DATA
●筆貝（フデガイ科）●殻高 7cm ●房総半島以南 ●岩礁 ●黒褐色の地に格子状の模様があり、白色の細い螺溝をめぐらす。ふたを持たない。

オハグロシャジク

Clavus japonicus

DATA ●お歯黒車軸・鉄漿車軸（ツノクダマキ科）●殻高 2.5cm ●北海道南西部〜九州 ●砂底 ●殻表は黒く紫がかり、縦肋の上に白い帯が走る。

マクラガイ

Oliva mustelina

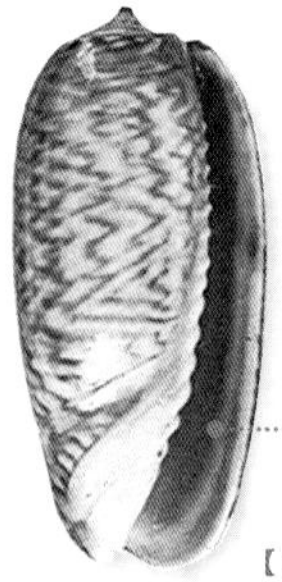

DATA ●枕貝（マクラガイ科）●殻高 4cm ●房総半島・男鹿半島以南●砂底 ●殻は円筒形で光沢があり、淡褐色の地に黒褐色のジグザグ模様が入る。

クダマキガイ

Lophiotoma leucotropis

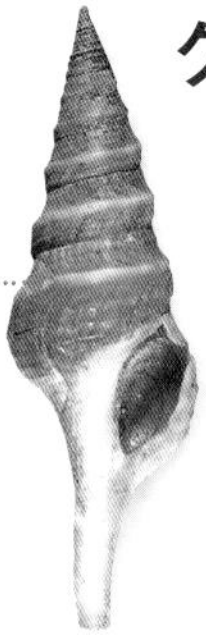

DATA ●管巻貝（クダマキガイ科）●殻高 5cm ●房総半島以南 ●砂底 ●殻表は茶色で、ふつう螺肋は色が薄くなる。

ヤナギシボリイモ

Rhizoconus miles

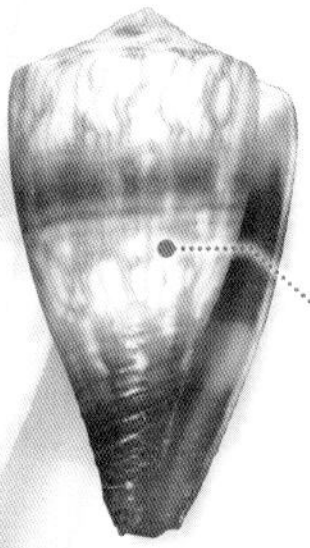

DATA ●柳絞芋（イモガイ科）●殻高 7cm ●八丈島・紀伊半島以南 ●礫底 ●細い褐色の縦縞を幅広い褐色の帯が横切る。

シチクガイ

Hastula sp.

DATA ●紫竹貝（タケノコガイ科）●殻高 3.5cm ●房総半島・能登半島以南 ●砂底 ●殻表は暗紫色。白色の帯は、褐色の点をともなう。ふたは赤色。

ベッコウイモ

Pinoconus fulmen

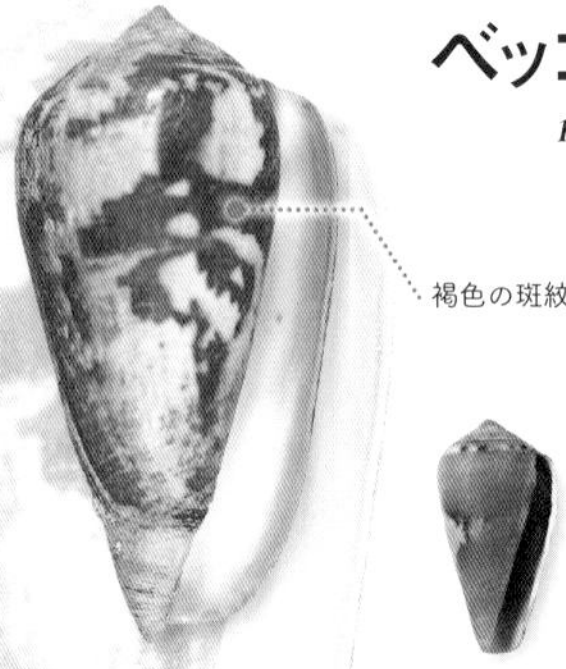

DATA ●鼈甲芋（イモガイ科）●殻高 7cm ●房総半島・男鹿半島以南 ●砂礫底 ●厚い殻皮におおわれ、灰紫色の地に茶色の斑紋がある。魚食性。

ミスガイ

Hydatina physis

DATA ●御簾貝（ミスガイ科）●殻長 5cm ●福島県・島根県以南 ●砂底 ●殻には細い黒色の螺線が密にある。軟体は大きくて殻に入りきれない。

ヒメトクサ

Brevimyurella japonica

DATA ●姫木賊（タケノコガイ科）●殻高 4cm ●函館・岩手県・山形県〜九州 ●砂泥底 ●鋭い縦肋が立つ。螺層の半分が暗褐色になる。

コナツメガイ

Bulla punctulata

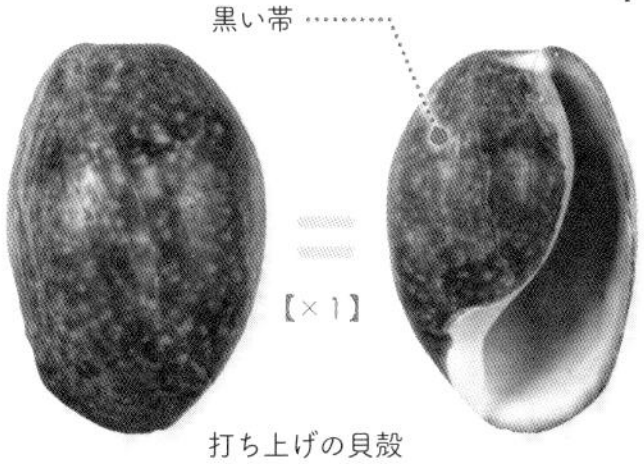

打ち上げの貝殻

DATA ●小棗貝（ナツメガイ科）●殻長 3cm ●山口県北部以南 ●岩礁 ●殻はやや細長く、茶色の地に小さな白い斑点がちらばる。軸唇は滑層におおわれる。

コロモガイ

Sydaphera spengleriana

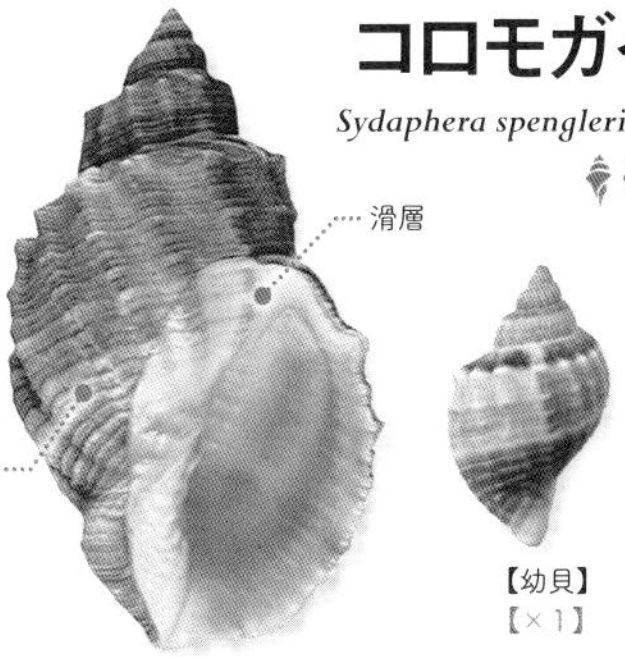

DATA ●衣貝（コロモガイ科）●殻高 6cm ●北海道南部〜九州 ●砂底 ●全体的に紡錘形。螺肋が細く密に並び、縦肋は太い。ふたを持たない。

クチキレガイ

Tiberia pulchella

打ち上げの貝殻

DATA ●口切れ貝（トウガタガイ科）●殻高 1.5cm ●陸奥湾〜九州 ●泥底 ●殻はなめらかで光沢があり、白〜黄白色。褐色の線をめぐらす。

トカシオリイレ

Cancellaria nodulifera

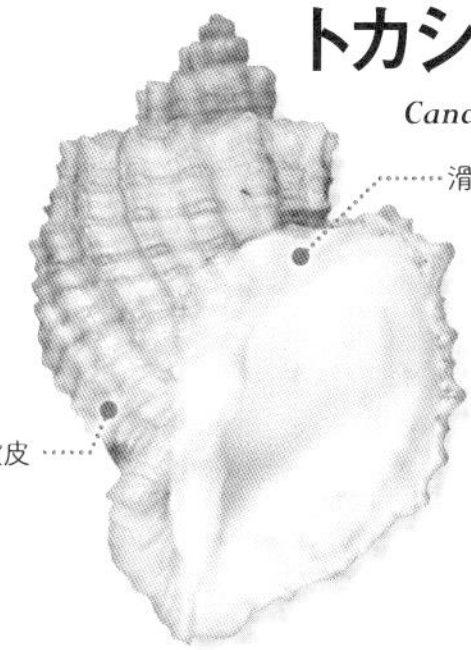

DATA ●溶かし折入れ（コロモガイ科）●殻高 6cm ●北海道南部〜九州 ●砂底 ●肩が角張って、縦肋は太い。殻口の滑層が発達する。ふたを持たない。

BIVALVIA

二枚貝

二枚貝はほとんどそのままの姿で漂着することが多いが、左右の殻がそろうことは珍しいだろう。また、殻皮がはげてしまうことも多いので注意が必要である。

ワシノハガイ

Arca navicularis

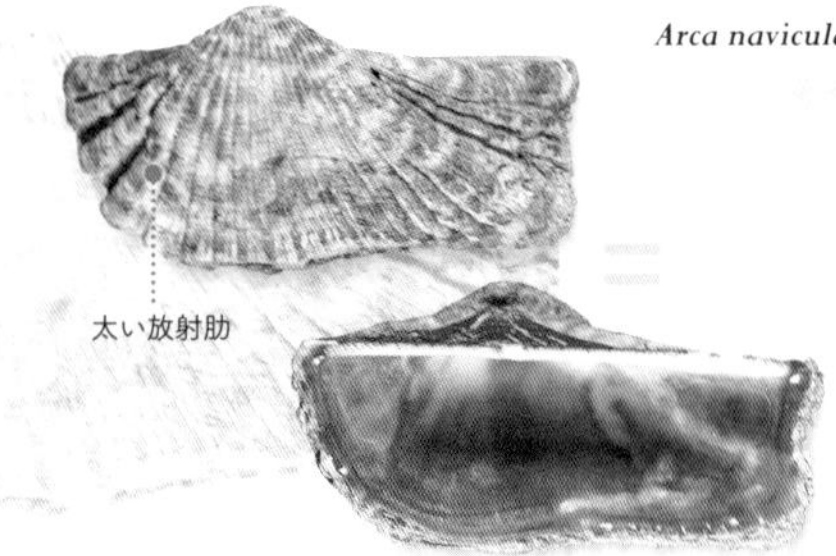

DATA ●鷲羽貝（フネガイ科）●殻長 6.5cm ●房総半島以南 ●岩礁 ●殻は長方形の舟形。殻表は灰白色に紫褐色の斑紋があり、放射肋が太い。内側は紫褐色。

エガイ

Barbatia lima

【×1】

打ち上げの貝殻

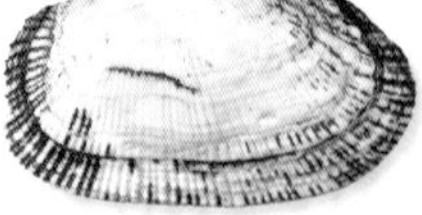

カリガネエガイ
B. virescens

DATA ●江貝（フネガイ科）●殻長 5.5cm ●北海道南部以南 ●岩礫 ●殻は白色、放射肋は顆粒状。褐色の殻皮におおわれる。カリガネエガイは放射肋が弱い。

SCAPHOPODA & POLYPLACOPHORA

ツノガイ・ヒザラガイ

ツノガイ（掘足類）の貝殻が海辺で見つかることがある。また、岩礁では岩のすきまに生きたヒザラガイ（多板類）がいるだろう。これらは巻貝や二枚貝とは異なるグループの貝類である。

ヤカドツノガイ

Dentalium octangulatum

打ち上げの貝殻
【×1】

DATA ●八角角貝（ゾウゲツノガイ科）●殻長 6cm ●北海道南部以南 ●砂底 ●殻は白色でやや厚い。殻表には 6～9 本の角張った縦肋があるが、普通は8角形。

ヒザラガイ

Acanthopleura japonica

DATA ●石鼈貝（クサズリガイ科）●体長 7cm ●北海道南部～九州、屋久島 ●岩礁 ●背には幅広い殻板が8枚並ぶ。潮間帯の岩にはりついている。

ミドリイガイ

Perna viridis

D A T A ●緑貽貝（イガイ科）●殻長 6cm ●東京湾以南 ●岩礁 ●殻は薄く、緑色の殻皮におおわれている。1980 年代に東南アジアから移入し、日本に定着した。

サルボウ

Scapharca kagoshimensis

D A T A ●猿頬（フネガイ科）●殻長 5.6cm ●東京湾〜有明海、日本海 ●内湾の砂泥底 ●殻は白色で、箱形。殻表に 32 本前後の放射肋がある。食用。

クジャクガイ

Septifer bilocularis

打ち上げの貝殻　【×1】

D A T A ●孔雀貝（イガイ科）●殻長 2.5cm ●房総半島・能登半島以南 ●岩礁 ●殻表は鈍い光沢のある青緑色。殻頂から放射状の細い溝が密に刻まれる。

ベンケイガイ

Glycymeris albolineata

D A T A ●弁慶貝（タマキガイ科）●殻長 8.8cm ●北海道南部〜徳之島 ●砂底 ●殻表には刻点があり、殻は厚く殻頂から放射状に白色線がある。ミタマキガイは小型種。

ヒバリガイ

Modiolus nipponicus

D A T A ●雲雀貝（イガイ科）●殻長 3.9cm ●陸奥湾〜九州 ●岩礁 ●殻表は赤褐色で、前腹縁は黄褐色、後背部は黒褐色に色分けされている。殻皮は毛状。

ムラサキイガイ

Mytilus galloprovincialis

D A T A ●紫貽貝（イガイ科）●殻長 5.4cm ●北海道〜九州 ●岩礁 ●殻は薄く、殻表は黒色。内面は青白色。1920 年代にヨーロッパから日本に定着した。ムール貝。

チリボタン

Spondylus cruentus

打ち上げの貝殻

DATA ●散牡丹（ウミギク科）●殻長 6cm ●房総半島～沖縄 ●岩礁 ●左殻には無数の放射肋上に小さなトゲがまばらに生える。右殻はふくらみ、こちらで岩に固着する。

ヒオウギ

Mimachlamys nobilis

DATA ●檜扇（イタヤガイ科）●殻長 12cm ●房総半島～沖縄 ●岩礁底 ●殻表には 24 本前後の放射肋がある。色は暗紫赤色のほか、黄、橙、紫など。食用。

ナミマガシワ

Anomia chinensis

打ち上げの貝殻

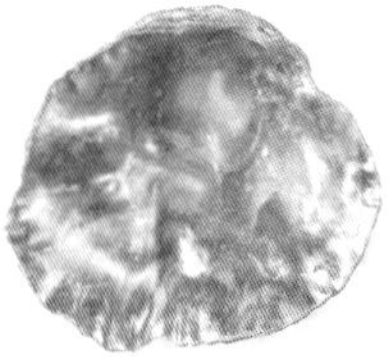

DATA ●波間柏（ナミマガシワ科）●殻長 4cm ●北海道南部以南 ●岩礫底 ●岩礁や他の貝の殻表に固着して、殻の色や形はさまざま。弱い真珠光沢がある。

キンチャクガイ

Decatopecten striatus

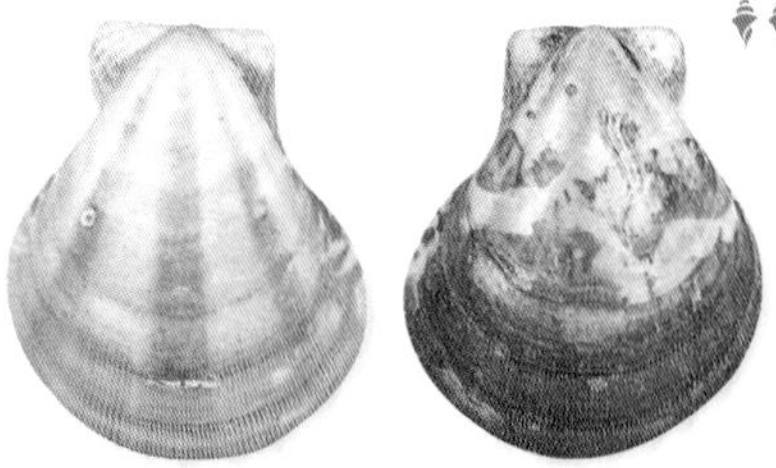

DATA ●巾着貝（イタヤガイ科）●殻長 5cm ●房総半島・能登半島以南 ●砂礫底 ●殻の色は赤褐色や濃黄色が多い。右殻に4本、左殻に5本の太い放射肋がある。

トマヤガイ

Cardita leana

DATA ●苫屋貝（トマヤガイ科）●殻長 3cm ●北海道南部以南 ●岩礫底 ●前後に長い方形で、18 本前後の放射肋が、弱くうろこ状となる。

イタヤガイ

Pecten albicans

DATA ●板屋貝（イタヤガイ科）●殻長 10cm ●北海道南部～九州 ●砂底 ●食用。右殻はふくらみが強く、左殻は板屋根のように扁平。幅広の放射肋は 8 本前後。

オニアサリ

Protothaca jedoensis

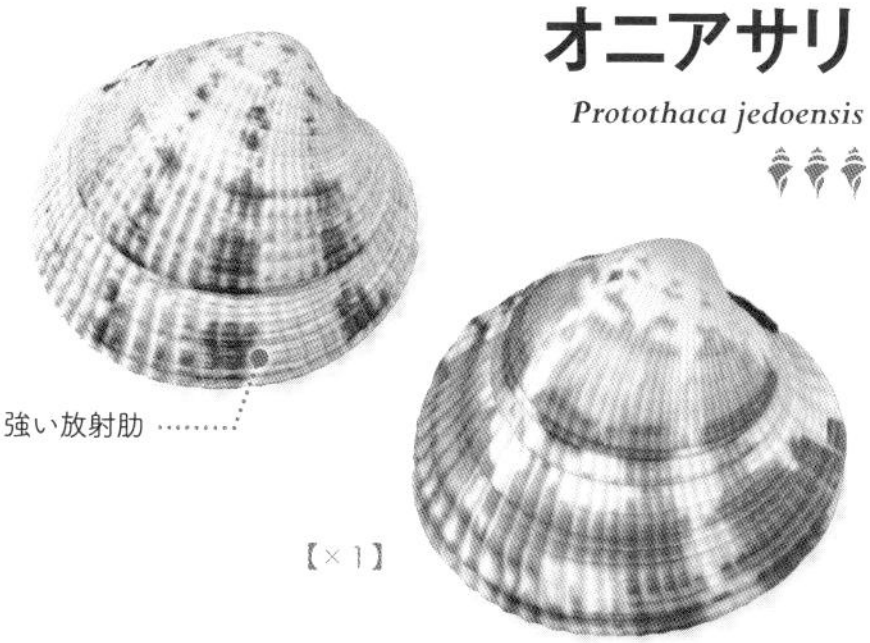

DATA ●鬼浅蜊（マルスダレガイ科）●殻長 3.5cm ●北海道南西部〜九州 ●砂泥底 ●殻表には太い放射肋があり、成長脈によって区切られている。模様はいろいろ。

トリガイ

Fulvia mutica

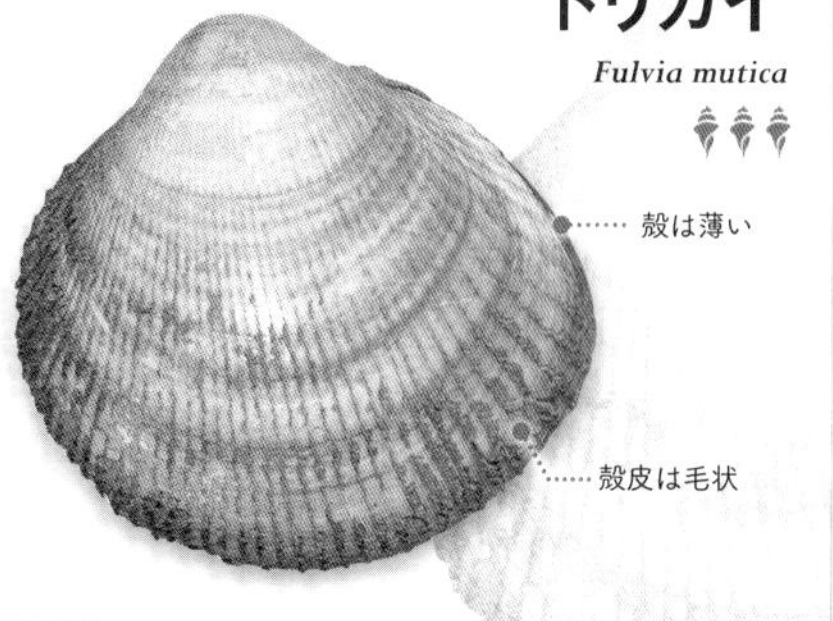

DATA ●鳥貝（ザルガイ科）●殻長 9cm ●陸奥湾〜九州 ●砂泥底 ●殻はよくふくれて球状。殻は薄く、殻表はほとんどなめらかで、殻皮が生えた放射溝が多数ある。食用。

カガミガイ

Phacosoma japonicum

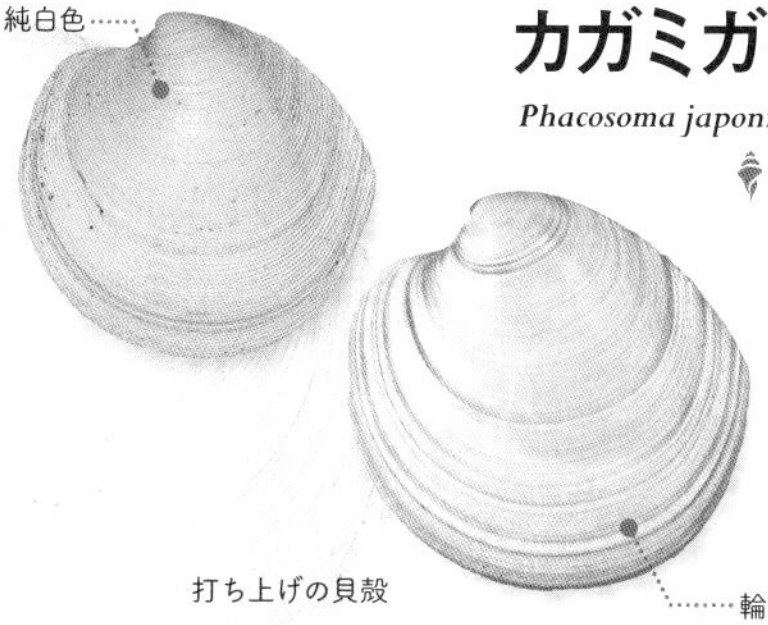

DATA ●鏡貝（マルスダレガイ科）●殻高 6.5cm ●北海道南西部〜九州 ●砂底 ●殻はやや薄く、ふくらみは弱い。白色の殻表に細く規則的な輪肋がある。

サツマアサリ

Antigona lamellaris

DATA ●薩摩浅蜊（マルスダレガイ科）●殻長 6cm ●房総半島以南 ●砂底 ●殻は厚く、殻表に板状の輪肋がある。内面は橙色。

アサリ

Ruditapes philippinarum

ヒメアサリ
R. variegatus

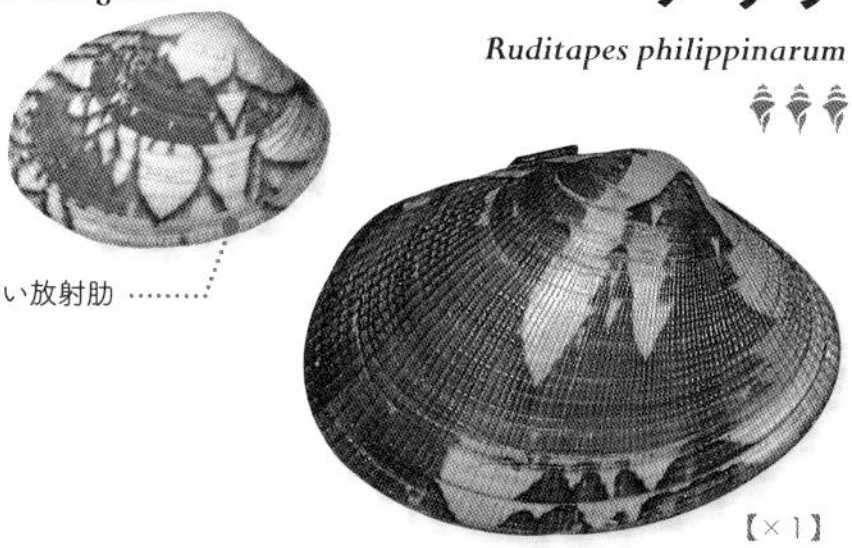

DATA ●浅蜊（マルスダレガイ科）●殻長 4cm ●北海道〜九州 ●砂礫泥底 ●殻表は粗い布目状で、山形などの模様が多い。ヒメアサリは小型で放射肋が弱い。

シオヤガイ

Anomalocardia squamosa

DATA ●塩屋貝（マルスダレガイ科）●殻長 3cm ●紀伊半島以南 ●内湾の泥底 ●殻は三角形に近く、前腹縁が丸く、後方がややのびる。殻表は布目状。

ハマグリ

Meretrix lusoria

DATA
●蛤／浜栗（マルスダレガイ科）●殻長 8.5cm ●北海道南部〜九州 ●内湾の砂泥底 ●丸みのある三角形。殻表には通常2本の褐色の放射帯があるが色彩変異に富む。

スダレガイ

Paphia lischkei

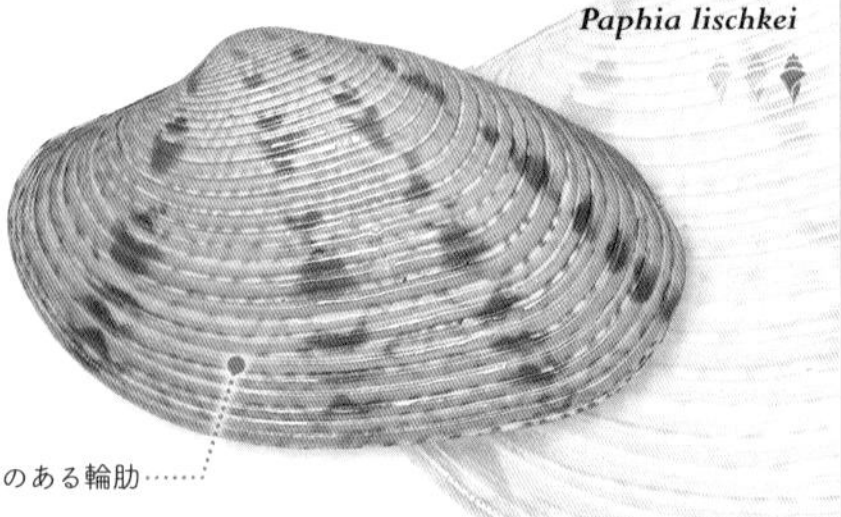

DATA
●簾貝（マルスダレガイ科）●殻長 9cm ●北海道南西部〜九州 ●砂底 ●殻表が同心円状の肋でおおわれ、通常は4本の放射状の褐色帯がある。

チョウセンハマグリ

Meretrix lamarckii

DATA
●朝鮮蛤（マルスダレガイ科）●殻長 10cm ●鹿島灘以南 ●外洋の砂底 ●殻頂はハマグリよりも低い。複雑な模様もない。殻はより厚く、ふくらみは弱い。

ウチムラサキ

Saxidomus purpurata

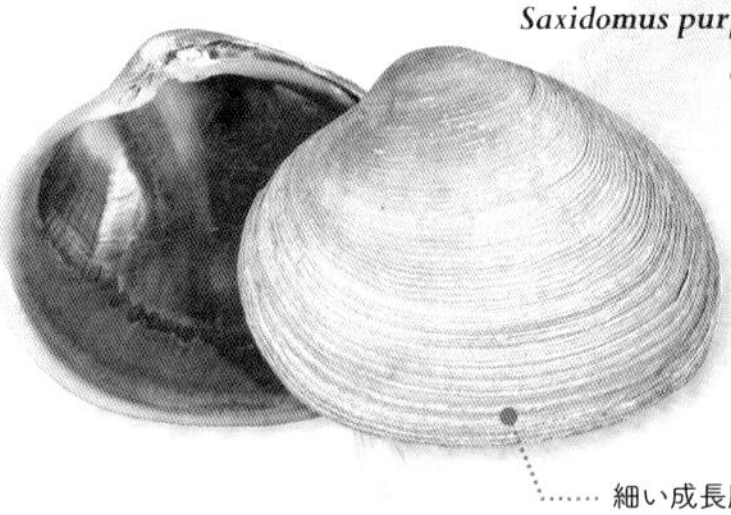

DATA
●内紫（マルスダレガイ科）●殻長 9cm ●北海道南西部〜九州 ●砂泥底 ●内面は濃紫色だが、幼貝は色が淡い。殻表には、成長肋が密にある。食用。

フジノハナガイ

Chion semigranosa

DATA
●藤の花貝（フジノハナガイ科）●殻長 1.5cm ●房総半島〜九州 ●砂底 ●ほぼ三角形。殻表は細い放射肋でおおわれ、布目状。腹縁内面は刻まれる。

ワスレガイ

Cyclosunetta menstrualis

【幼貝】
【×1】

DATA
●忘貝（マルスダレガイ科）●殻長 6.5cm ●常磐地方以南 ●砂底 ●殻は厚くてレンズ型。殻表はなめらかで、紫褐色。ときには放射状の模様などがある。

サギガイ

Macoma sectior

打ち上げの貝殻

DATA ●鷺貝（ニッコウガイ科）●殻長 5.2cm ●北海道～九州 ●砂泥底 ●殻は楕円形で、白くて薄い。黒っぽい殻皮があるが、ほとんどはげている。内面も白色。

ナミノコガイ

Latona cuneata

打ち上げの貝殻 【×1】

DATA ●波の子貝（フジノハナガイ科）●殻長 2.5cm ●房総半島以南 ●砂底 ●丸みのある三角形。個体により色彩変異に富む。波に乗って潮間帯を上下に移動する。

イソシジミ

Nuttallia japonica

打ち上げの貝殻

DATA ●磯蜆（シオサザナミ科）●殻長 4cm ●北海道南西部～九州 ●砂泥底 ●殻は紫色で厚い殻皮をかぶる。左殻が右殻よりふくらむ。内面は紫青色。

サクラガイ

Nitidotellina hokkaidoensis

【×1】

打ち上げの貝殻

DATA ●桜貝（ニッコウガイ科）●殻長 1.8cm ●北海道南西部以南 ●砂底 ●殻表は桃色。薄くてもろい。靭帯のうしろに鈍い角がある。

キヌタアゲマキ

Solecurtus divaricatus

DATA ●砧揚巻（キヌタアゲマキ科）●殻長 8cm ●房総半島以南 ●砂泥底 ●殻は前後に伸びた長方形。殻頂から放射状のすじ、また後方では分岐状の稜ができる。

カバザクラ

Nitidotellina iridella

【×1】

打ち上げの貝殻

DATA ●樺桜（ニッコウガイ科）●殻長 2cm ●房総半島以南 ●砂底 ●殻は薄くてもろい。殻頂から後腹縁へかけて2本の細い白帯が走る。殻表は黄色みを帯びた桃色。

シオフキ

Mactra veneriformis

DATA ● 潮吹（バカガイ科）● 殻長 4.5cm ● 宮城県～九州 ● 内湾の砂泥底 ● 殻は薄く、殻頂が丸くふくらみ、突き出る。内面は白い。

マテガイ

Solen strictus

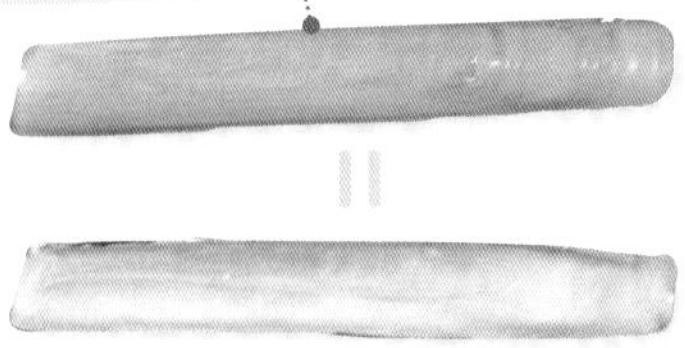

DATA ● 馬刀貝（マテガイ科）● 殻長 11cm ● 北海道南西部～九州 ● 砂底 ● 干潟では、穴に食塩を入れるととび出すのを採って、食用にする。

クチベニガイ

Solidicorbula erythrodon

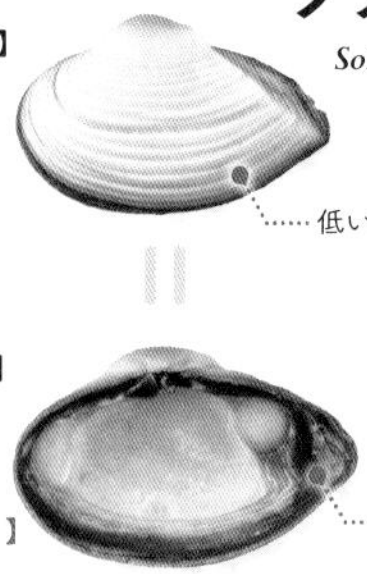

DATA ● 口紅貝（クチベニガイ科）● 殻長 2.5cm ● 房総半島～九州 ● 砂底 ● 殻は厚くふくらみ、低い輪肋がある。内面は紅色でふちどられている。

ミゾガイ

Siliqua pulchella

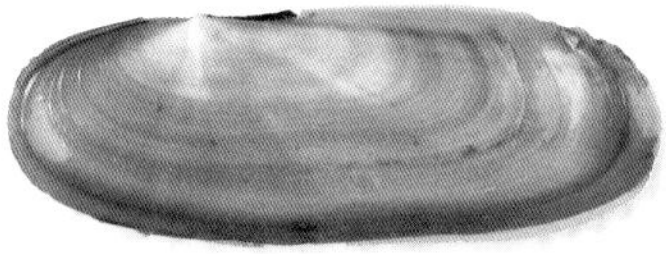

DATA ● 溝貝（ユキノアシタ科）● 殻長 2.5cm ● 房総半島～九州 ● 砂底 ● 殻は薄く、ほとんど透明で壊れやすい。殻の内側に白い内肋がある。

カモメガイ

Penitella sp.

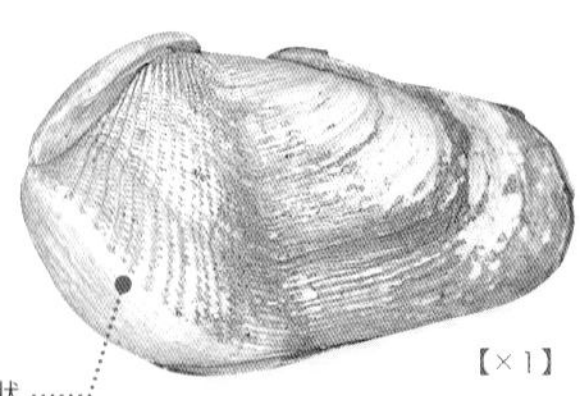

DATA ● 鴎貝（ニオガイ科）● 殻長 3.5cm ● 北海道南部～九州 ● 潮間帯～潮下帯上部の泥岩に穿孔する。殻の前方の粗い彫刻がやすりの役目をする。

バカガイ

Mactra chinensis

DATA ● 馬鹿貝（バカガイ科）● 殻長 8.5cm ● 北海道～九州 ● 砂泥底 ● つやのある黄褐色の殻皮におおわれる。殻は薄く、ハマグリ型。主に「あおやぎ」として生食される。

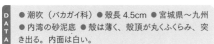

タコノマクラ

Clypeaster japonicus

口側

DATA ●蛸の枕（棘皮動物・タコノマクラ科）●陸奥湾～九州 ●潮下帯 ●ウニの仲間。体表はトゲでおおわれ、殻には花弁模様がある。

EXCEPT FOR MOLLUSC

貝と間違われる殻

海辺には、貝類と見間違いやすい「貝殻」や「殻」が漂着することもある。その代表的なものをここに紹介する。

ミドリシャミセンガイ

Lingula unguis

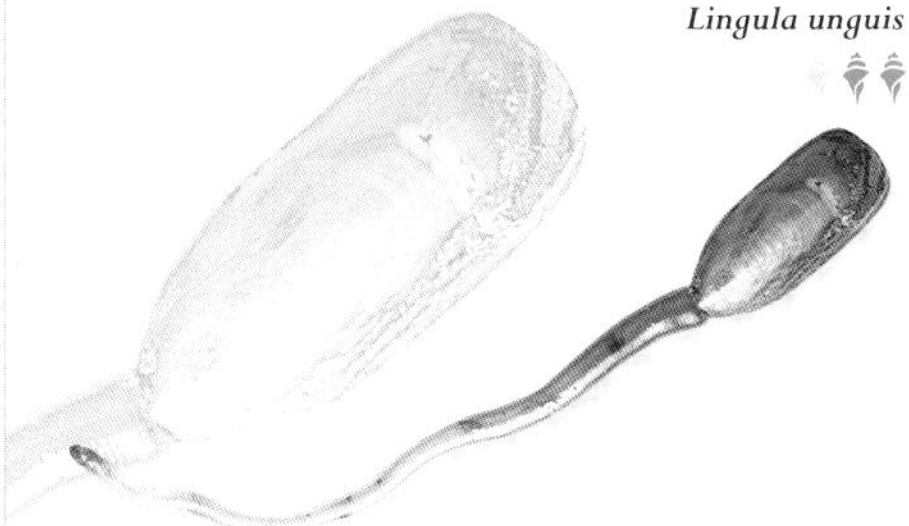

DATA ●緑三味線貝（腕足動物・シャミセンガイ科）●殻長4cm ●本州以南 ●泥底 ●腹と背に殻をもつ腕足類で、内湾の泥底で長い柄（え）を下にして潜っている。

オオアカフジツボ

Megabalanus volcano

【×1】

DATA ●大赤藤壺（甲殻類・フジツボ科）●4cm ●房総半島～八重山諸島 ●外海の潮間帯下 ●石灰質の殻板でおおわれ、岩などに固着する。

タテスジホオズキガイ

Terebratulina japonica

【×1】

DATA ●縦筋酸漿貝（腕足動物・カンセロチリス科）●殻長3.3cm ●日本各地 ●水深10～300m ●二枚貝に似るが、殻は左右ではなく背腹にある。岩に固着する。

バフンウニ

Hemicentrotus pulcherrimus

【×1】

DATA ●馬糞海胆（棘皮動物・オオバフンウニ科）●6cm ●北海道以南 ●潮間帯 ●「雲丹」と書けば、食品をさす。生きているウニはトゲにおおわれる。

ヴィジュアル特集④

美しい古生物の化石

美しい貝殻は、化石にもなっている。化石は、生き物の成分が鉱物に置き換わってしまったものである。ここでは貝殻以外にも腕足動物やコケムシ類などの、貝殻とまちがいやすい海洋生物の化石も紹介する。

↑ ビカリア類

●ビカリア類などの巻貝の内部が瑪瑙化したもの（新生代・始新統、モロッコ）

➡「月のお下がり」

Vicarya sp.

●熱帯のマングローブ林などに生息したウミニナ科のビカリア。殻の内部が石英質の「玉髄」に置き換わったものを、岐阜県の端浪地方では「月のお下がり」と呼ぶ。（新生代・始新統、インドネシア）

➡ アンモナイト類

Gramoceras sp.

●アンモナイト化石。中生代ジュラ紀を代表するアンモナイトのグラモセラス属（中生代ジュラ紀、フランス・ローヌ地方）

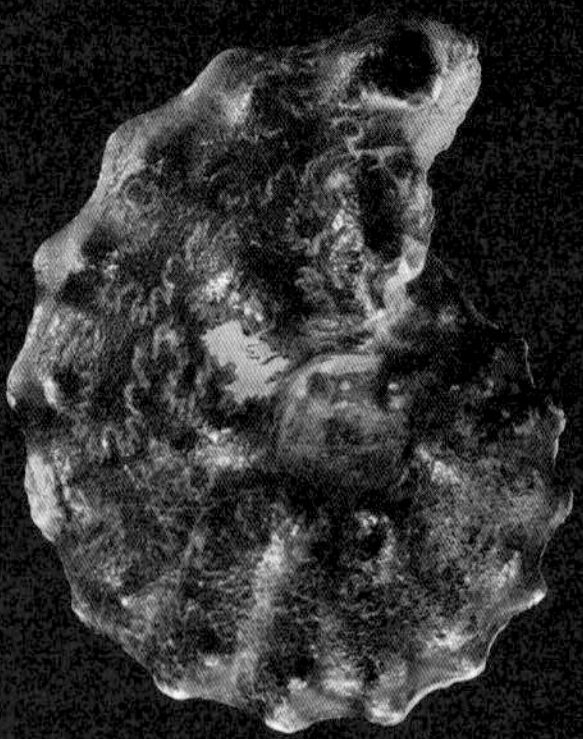

↑ アンモナイト類

●アンモナイト類は、古生代後期から中生代の海で繁栄した頭足類で、1万種以上が知られている。白亜紀末期に絶滅した。地質学では地層の年代を特定するための「示準化石」とされる。

⬅ 巻貝化石

Fusus subcarinatus

●イトマキボラ科の貝化石。イトマキボラのように肩角が突き出ており、螺肋のすじが残っている。（新生代・始新統、イタリア）

← 三葉虫類
Leonaspis sp.
●8つ(または9つ)のグループからなり、ペルム紀末期に絶滅した古生代の節足動物。1万種ほどが知られ、化石の多くは、脱皮した殻が化石化したものである。(デボン紀、モロッコ)

↑ 直角貝類
Isorthoceras sp.
●直角貝類(オルソセラス類)は、直線的な殻をもつオウムガイの仲間。オルドビス紀に現れ、中生代ジュラ紀ごろに絶滅した。

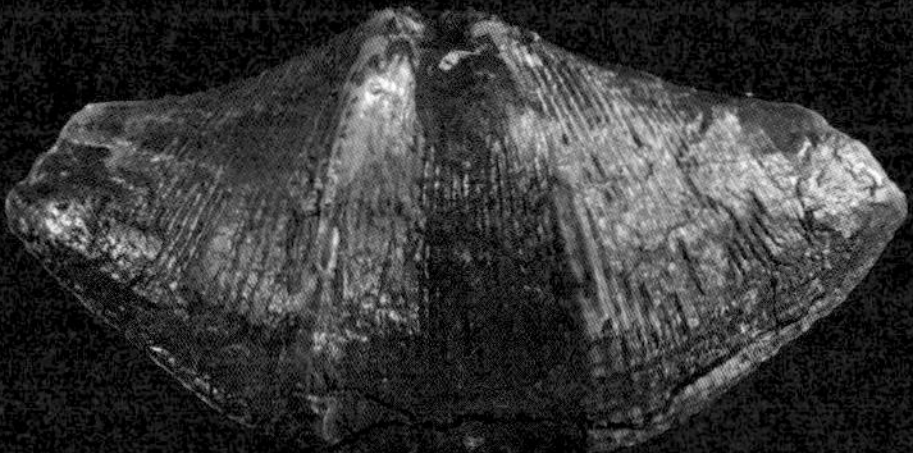

スピリファー類
Cyrtospirifer grabaui
●スピリファー類は、ミドリシャミセンガイ(119ページ)と同じ腕足動物の一種。翼を広げたツバメのように見えることから、中国では「石燕」と呼ばれて珍重されてきた。(デボン紀、ベルギー)

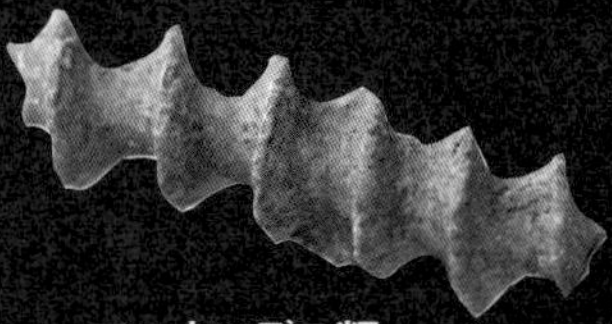

アルキメデス類
Archimedes sp.
●古代ギリシアのアルキメデスが発明した「アルキメデス・スクリュー」にそっくりな形をしたコケムシ類の化石(古生代石炭紀、アメリカ・アリゾナ州)

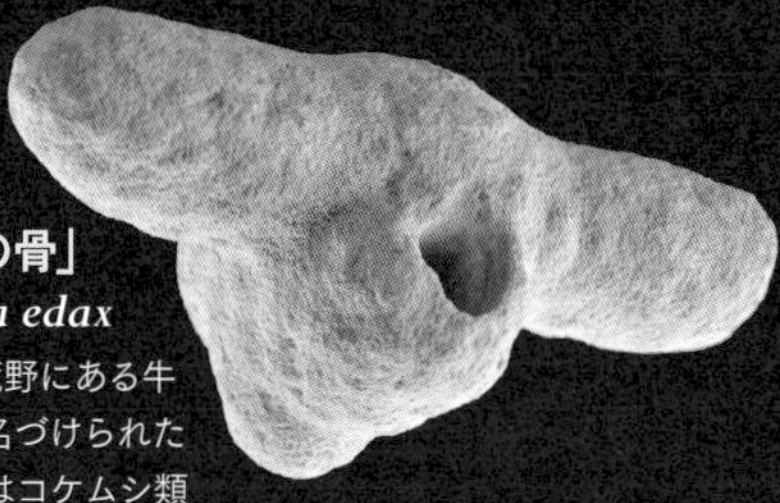

「テキサス牛の骨」
Hippoporidra edax
●テキサス州の荒野にある牛の骨に見立てて名づけられた俗称。その正体はコケムシ類で、ヤドカリがすむ微小な巻貝から成長したもの(新生代鮮新世、アメリカ・フロリダ州)

採集に出かけるときの注意点

＜海岸の情報を調べる＞

・ビーチコーミングや磯遊びをする場合、場所選びだけでなく「いつ行くか」が重要だ。天候のほか、潮汐表を参照して、大潮の干潮時間の数時間前に採集場所に行くといいだろう。潮汐表はインターネットのホームページのほか、釣具店、電話の天気予報などでも調べることができる。大潮は月に2回あり、3〜4日続くので、計画的に準備しよう。

・磯採集をする場合は、軍手、水にぬれてもいいくつ、長そで、長ズボンが必要。ビーチサンダルは厳禁。天気がいい場合には、帽子も必要である。採集に行く場所に適した服装をしていこう。

＜海岸で気をつけるべきこと＞

・周囲の立て札の指示に必ず従うこと。

・侵入禁止の場所には立ち入らないこと。

・地元の漁協組合が管理する、採集禁止の魚介類を採集しないこと。

・岩場は特にすべりやすいので、十分注意すること。

・ゴミはすべて持ち帰ること。

・子どもの場合は、ひとりだけで磯には行かないこと。

・鋭いとげや危険な毒をもつ生き物がいるので、むやみに素手でさわらないこと。

・海岸は、ひとりだけのものではない。生きた貝については、必要な分の貝だけを採集するようにしよう。

REFERENCE

参考文献

<主要な参考文献>

- 奥谷喬司編『日本近海産貝類図鑑 第二版』東海大学出版会、2017年。
- 奥谷喬司『日本の貝1（フィールドベスト図鑑）』学研、2006年。
- 奥谷喬司『日本の貝2（フィールドベスト図鑑）』学研、2006年。
- 奥谷喬司編著『貝類 改訂新版 世界文化生物大図鑑』世界文化社、2004年。
- 奥谷喬司編著『貝のミラクル』東海大学出版会、1997年。
- 岡本正豊、奥谷喬司『貝の和名』相模貝類同好会、1997年。
- 国立科学博物館監修『美しい世界の貝（増補・改訂版）』科学博物館後援会、1991年。
- H. スティックス『貝―その文化と美』朝倉書店、1980年。
- タッカー・アボット、ピーター・ダンス『世界海産貝類大図鑑』平凡社、1985年。

<その他の参考文献>

- 青木淳一、奥谷喬司、松浦啓一編著『虫の名、貝の名、魚の名』海大学出版会、2002年。
- 荒俣宏『世界大博物図鑑 別巻2 水生無脊椎動物』平凡社、1994年。
- 池田等『海辺で拾える貝ハンドブック』文一総合出版、2009年。
- 佐々木猛智『貝類学』東京大学出版会、2010年。
- 白井祥三『貝I』法政大学出版局、1997年。
- 白井祥三『貝II』法政大学出版局、1997年。
- 白井祥三『貝III』法政大学出版局、1997年。
- ネイチャーウォッチング研究会『タカラガイ 生きている海の宝石』誠文堂新光社、2009年。
- 波部忠重『貝の博物誌』保育社、1975年。
- S. Peter Dance, *A History of Shell Collecting*. E. J. Brill, 1986.
- S. Peter Dance, *Rare Shells*. University of California Press, 1969.

ミドリイガイ …… 113
ミドリシャミセンガイ …… 119
ミドリパプア …… 17
ミヒカリコオロギボラ …… 24
ミミズガイ …… 48
ミルクイ …… 80
ムシロガイ …… 107
ムラサキイガイ …… 22, 113
ムラサキガイ …… 22
ムール貝 …… ➡ムラサキイガイ
メダカラ …… 102
モクメボラ …… 25
モヨウカヤノミガイ …… 24

ヤ行

ヤカドツノガイ …… 112
ヤクシマダカラ …… 101
ヤコウガイ …… 72
ヤタテガイ …… 109
ヤツシロガイ …… 105
ヤナギシボリイモ …… 67, 110
ユビワエビス …… 16
ヨフバイ …… 107
ヨメガカサ …… 96

ラ行

リュウキュウアオイ …… 34
リュウグウオキナエビス …… 54
リュウグウダカラ …… 57
リュウグウボラ …… 25
リュウテン …… 74
リンボウガイ …… 30
ルリガイ …… 15
レイシガイ …… 108

ワ行

ワシノハガイ …… 112
ワスレガイ …… 116

写真提供一覧

アフロ／アマナイメージズ／奥谷喬司／ゲッティイメージズ／長谷川和範／独立行政法人海洋研究開発機構（JAMSTEC）／鳥羽水族館／時事通信社／ Victoria and Albert Museum ／ National Gallery of Art

ナ行

- ナツメモドキ …… 102
- ナツモモ …… 16
- ナミノコガイ …… 117
- ナミマガシワ …… 114
- ナンヨウクロミナシ …… 66
- ナンヨウダカラ …… 36
- ニシキウズ …… 97
- ニシキツノガイ …… 23
- ニッポンダカラ …… 57
- ネジガイ …… 106
- ネズミガイ …… 105

ハ行

- バイ …… 108
- ハイガイ …… 26
- バカガイ …… 80, 118
- ハシナガソデガイ …… 31
- ハダカカメガイ …… 94
- ハダカゾウクラゲ …… 65
- ハチジョウダカラ …… 101
- ハツユキダカラ …… 103
- バテイラ …… 98
- ハナデンシャ …… 78
- ハナビラダカラ …… 103
- ハナマルユキ …… 104
- バフンウニ …… 119
- ハマグリ …… 80, 82-83, 116
- ハマヅト …… 109
- ハマユウ …… 49
- ハラダカラ …… 37
- バラフイモ …… 66
- ハルシャガイ …… 67
- ヒオウギ …… 20, 114
- ヒザラガイ …… 5, 112
- ヒバリガイ …… 113
- ヒメイトマキボラ …… 108
- ヒメシャコガイ …… 61
- ヒメゾウクラゲ …… 65
- ヒメトクサ …… 111
- ヒメヨウラク …… 108
- ヒラセイモ …… 66
- ヒレシャコガイ …… 61
- ヒロベソオウムガイ …… 77
- ピンクガイ …… 70
- フジノハナガイ …… 116
- フデガイ …… 109
- フトコロガイ …… 107
- フネダコ …… ➡タコブネ
- ブランデーガイ …… 25
- ベッコウイモ …… 110
- ベッコウダカラ …… 37
- ベニオキナエビス …… 55
- ベニガイ …… 21
- ベニシボリミノムシ …… 25
- ベニヤカタ …… 24
- ヘブライボラ …… 25
- ベンガルイモ …… 59
- ベンケイガイ …… 113
- ベンテンイモ …… 66
- ボウシュウボラ …… 106
- ホウセキミナシ …… 59
- ボサツガイ …… 107
- ホシキヌタ …… 102
- ホシダカラ …… 6, 102
- ホタテガイ …… 89
- ホタルガイ …… 109
- ホネガイ …… 42
- ホラガイ …… 90-91

マ行

- マガキ …… 38, 80
- マクラガイ …… 110
- マダカアワビ …… 73
- マダライモ …… 67
- マツバガイ …… 96
- マツムシ …… 107
- マテガイ …… 118
- マボロシハマグリ …… 43
- マルオミナエシ …… 25
- マンボウガイ …… 71
- ミカドミナシ …… 66
- ミクリガイ …… 108
- ミスガイ …… 111
- ミゾガイ …… 118

クズヤガイ …… 99
クダマキガイ …… 1101
クチグロキヌタ …… 102
クチキレガイ …… 111
クチベニガイ …… 118
クマサカガイ …… 40
クモガイ …… 45
クリイロカメガイ …… 50
クリオネ …… ➡ハダカカメガイ
クリダカラ …… 37
クルマガイ …… 24
クロアワビ …… 99
クロユリダカラ …… 36
コケミミズ …… 48
ゴシキカノコ …… 14
コダママイマイ …… 18
コナツメガイ …… 111
ゴマフニナ …… 100
コロモガイ …… 111

サ行

サオトメイトヒキマイマイ …… 19
サギガイ …… 117
サクライダカラ …… 37
サクラガイ …… 21, 117
サザエ …… 80, 98
サツマアサリ …… 115
サメダカラ …… 104
サラサバテイ …… 75
サルボウ …… 113
ジェームズホタテ …… 88-89
シオフキ …… 118
シオヤガイ …… 115
シチクガイ …… 110
シドロ …… 101
シナハマグリ …… 83
シボリダカラ …… 104
ジャノメダカラ …… 36
シャンクガイ …… 90-91
ショウジョウガイ …… 44
シリアツブリ …… 88-89
シロウリガイ …… 52
シワクマサカガイ …… 41
シンセイダカラ …… 56
スイジガイ …… 45
スカシガイ …… 99
スケーリーフット …… ➡ウロコフネタマガイ
スジイモ …… 67
スズメガイ …… 100
スダレガイ …… 116
スミナガシダカラ …… 37
ゾウクラゲ …… 64
ゾウゲツノガイ …… 23

タ行

ダイミョウイモ …… 67
タガヤサンミナシ …… 66
タコノマクラ …… 119
タコブネ …… 63
タテスジホオズキガイ …… 119
タマキビ …… 100
タルダカラ …… 36
ダンベイキサゴ …… 98
チグサガイ …… 5, 97
チサラガイ …… 24
チマキボラ …… 29
チャイロキヌタ …… 102
チョウセンハマグリ …… 83, 116
チョウセンフデ …… 25
チリボタン …… 114
ツタノハガイ …… 96
ツツガキ …… 49
ツメタガイ …… 104
テラマチオキナエビス …… 55
テラマチダカラ …… 57
テングニシ …… 108
テンシノツバサ …… 35
テンニョノカムリ …… 32
トカシオリイレ …… 111
トグロコウイカ …… 51
トコブシ …… 99
トマヤガイ …… 114
トリガイ …… 115

ア行

アオイガイ …… 62
アオガイ …… 96
アカガイ …… 26
アカシマミナシ …… 67
アカニシ …… 87, 109
アカネマイマイ …… 19
アコヤガイ …… 92-93
アサガオガイ …… 15, 106
アサリ …… 7, 80, 115
アシヤガイ …… 98
アジロダカラ …… 37
アマオブネガイ …… 99
アマガイ …… 99
アヤメダカラ …… 103
アラムシロ …… 107
アラレガイ …… 107
鮑（アワビ類） …… 80-81
アワブネガイ …… 101
アンボイナ …… 68
アンモナイト …… 120
イシダタミ …… 97
イジンノユメ …… 33
イソシジミ …… 117
イタヤガイ …… 114
イチゴナツモモ …… 16
イナズマコダママイマイ …… 19
イボキサゴ …… 80, 97
イボニシ …… 87, 109
イワガキ …… 38
ウキダカラ …… 103
ウコンハネガイ …… 78
ウズイチモンジ …… 97
ウストンボガイ …… 101
ウチムラサキ …… 116
ウチヤマタマツバキ …… 104
ウノアシ …… 96
ウミニナ …… 100
ウミノサカエ …… 58
ウラウズガイ …… 98
ウロコフネタマガイ …… 52
エガイ …… 112
エゾタマガイ …… 105
エビスガイ …… 98
オウムガイ …… 76
オオアカフジツボ …… 119
オオイトカケ …… 28
オオサマダカラ …… 57
オオシャコガイ …… 60
オオヘビガイ …… 101
オオモモノハナ …… 21
オキニシ …… 105
オダマキ …… 106
オトメイモ …… 67
オトメダカラ …… 57
オニアサリ …… 6, 115
オハグロシャジク …… 110
オミナエシダカラ …… 103

カ行

カイダコ …… ➡アオイガイ
カガミガイ …… 115
牡蠣（カキ類） …… 38, 81
ガクフボラ …… 24
カコボラ …… 105
カジトリグルマガイ …… 41
カズラガイ …… 105
カスリトリノコガイ …… 25
カニモリガイ …… 100
カノコダカラ …… 36
カバザクラ …… 117
カメガイ …… 50
カモメガイ …… 118
カモンダカラ …… 103
カラスガイ …… 90-91
カワアイ …… 100
ガンゼキバショウ …… 46
キイロダカラ …… 84-85, 104
キサゴ …… 97
キヌタアゲマキ …… 117
キノコダマ …… 47
キリオレ …… 106
キングチコオロギボラ …… 24
キンチャクガイ …… 114
クジャクアワビ …… 73
クジャクガイ …… 113

デザイン　原てるみ（mill design studio）
標本撮影　伝 祥爾
編集協力　田中真知
編集　　　牧野嘉文

◎監修者紹介

奥谷 喬司　Takashi Okutani

東京水産大学名誉教授。日本貝類学会名誉会長。1931 年生まれ。理学博士。『フィールドベスト図鑑 日本の貝1・2』『イカはしゃべるし、空も飛ぶ』『新編 世界イカ類図鑑』『日本近海産貝類図鑑』など編著書多数。

学研の図鑑

美しい貝殻　オールカラー

2015 年　3 月 24 日　初版第 1 刷発行
2024 年　7 月　2 日　新装版第1刷発行

監修　　奥谷喬司
発行人　土屋　徹
編集人　芳賀靖彦
発行所　株式会社 Gakken
　　　　〒 141- 8416
　　　　東京都品川区西五反田 2-11-8

印刷所　大日本印刷株式会社

●この本に関する各種お問い合わせ先
本の内容については、下記サイトのお問い合わせフォームよりお願いします。
https://www.corp-gakken.co.jp/contact/
在庫については　TEL 03-6431-1201（販売部）
不良品（落丁、乱丁）については　TEL 0570-000577
学研業務センター
〒 354-0045　埼玉県入間郡三芳町上富 279-1
上記以外のお問い合わせは　☎ 0570-056-710（学研グループ総合案内）

■学研グループの書籍・雑誌についての新刊情報・詳細情報は、下記をご覧ください。
学研出版サイト　https://hon.gakken.jp/